OPUSCULES

ENTOMOLOGIQUES

PAR

E. MULSANT,

Sous - Bibliothécaire de la ville de Lyon,
Professeur d'Histoire naturelle au Lycée,
Correspondant du ministère de l'Instruction publique,
Président de la Société Linnéenne de Lyon,
Membre de l'Académie des Sciences, des Sociétés d'Agriculture
et Littéraire de la même ville, etc.

DOUZIÈME CAHIER.

PARIS.

MAGNIN ET BLANCHARD, LIBRAIRES,
rue Honoré Chevalier, 5.

—

1861.

OPUSCULES

ENTOMOLOGIQUES.

Lyon — Imp. de F, DUMOULIN, rue St-Pierre 20 ,

ANTOINE LACÈNE,

NATURALISTE.

Né à Lyon le 30 décembre, 1769.
Mort dans la même ville le 14 avril 1859.

OPUSCULES

ENTOMOLOGIQUES

PAR

E. MULSANT,

Sous - Bibliothécaire de la ville de Lyon,
Professeur d'Histoire naturelle au Lycée,
Correspondant du ministère de l'Instruction publique,
Président de la Société Linnéenne de Lyon,
Membre de l'Académie des Sciences, des Sociétés d'Agriculture
et Littéraire de la même ville, etc.

DOUZIÈME CAHIER.

PARIS.

MAGNIN ET BLANCHARD, LIBRAIRES,
rue Honoré Chevalier, 5.

1861.

A MONSIEUR KRAATZ,

PRÉSIDENT

DE LA SOCIÉTÉ ENTOMOLOGIQUE DE BERLIN, ETC., ETC.

***

Monsieur,

En cherchant à mettre ces pages à l'abri de votre nom, mon hommage aurait pu s'adresser exclusivement au savant dont les écrits sont connus de tout le monde entomologique. Mais j'aime à me rappeler avec quelle complaisance vous avez été, pour mon compagnon

de voyage et pour moi , un guide aimable, pendant notre récent
séjour à Berlin. Puissent ces lignes vous redire toute ma reconnaissance et vous renouveler l'assurance des sentiments affectueux
avec lesquels

J'ai l'honneur d'être

Votre tout dévoué

E. MULSANT.

Lyon, le 16 octobre 1861.

TABLE DES MATIÈRES.

FIN DE LA TABLE.

DESCRIPTION

D'UN

COLÉOPTÈRE NOUVEAU

CONSTITUANT UN NOUVEAU GENRE

DANS LA TRIBU DES **OPATATES**.

PAR

E. MULSANT et E. REVELIÈRE.

(Présentée à la Société Linnéenne de Lyon, le 9 juillet 1860.)

Genre *Sinorus*, SINORE.

CARACTÈRES. *Antennes* insérées au-devant des yeux, sous le rebord de la tête formée par les joues; voilées à la base par ce rebord; de onze articles; plus grosses sur les cinq derniers : le troisième, le plus long, à peu près égal aux deux suivants réunis : les quatrième à dixième moins longs ou à peine aussi longs que larges. *Yeux* non saillants; entamés par les joues : celles-ci formant au côté externe des yeux un canthus prolongé jusqu'à la moitié de ces organes, et obliquement coupé d'avant en arrière, pour permettre au côté interne des angles antérieurs du prothorax de venir s'appliquer contre le bord postérieur de ce canthus. *Epistome* profondément entaillé au milieu de son bord antérieur, et cachant une partie du labre logé dans cette entaille et échancré en devant. *Mandibules* voilées par l'épistome. *Palpes maxillaires* à dernier article sécuriforme. *Menton* un peu élargi d'arrière en avant, arqué à son bord antérieur; plus long que large. *Prothorax* transverse ; avancé jusqu'aux yeux, qu'il

*

1

enclot un peu extérieurement; à deux sinuosités à la base. *Ecusson* apparent; plus large que long. *Elytres* un peu plus larges en devant que le prothorax à ses angles postérieurs; un peu obliquement coupées sur le côté de leur base; ciliées sur les côtés; à repli marginal faiblement plus large que les postépisternums, sur les côtés de ceux-ci; assez brusquement terminé un peu après l'extrémité du quatrième arceau ventral. *Prosternum* large; séparant les hanches; rétréci graduellement et déclive, après celles-ci. *Ventre* de cinq arceaux; partie antéro-médiaire de celui-ci, obtusément tronquée. *Hanches antérieures* globuleuses. *Tibias antérieurs* droits, comprimés, graduellement et médiocrement élargis de la base à l'extrémité; granuleux; subdenticulés. *Tarses* simples; garnis en dessous de poils raides : dernier article des postérieurs plus long que le premier. *Corps* ovale-oblong; convexe.

 Obs. Ce genre appartient à la famille des *Opatraires* et au rameau des *Gonocéphalates*.

 L'insecte sur lequel il est fondé semble faire le passage des *Trichopodus* aux *Hadrus.* Il s'éloigne des premiers, par le troisième article des antennes à peine aussi long que les deux suivants réunis; par son menton plus long sur son milieu qu'il est large en devant. Il se distingue des seconds par ses élytres ciliées sur les côtés; par son menton graduellement et assez faiblement élargi d'arrière en avant jusqu'aux angles antérieurs; par le repli des élytres moins large que le tiers de la moitié du médipectus, etc.

Sinorus ciliaris.

Ovale-oblong; longitudinalement arqué; convexe; d'un noir mat ou grisâtre, en dessus. Prothorax et élytres ciliés sur les côtés, chargés en dessus de points granuleux, donnant chac un postérieurement naissance à une soie couchée, d'un fauve livide : le prothorax élargi en ligne courbe jusqu'aux deux tiers, rétréci ensuite ; sinué vers chaque sixième externe de sa base, avec les deux tiers médiaires arqués en arrière : les élytres élar-

gies jusque vers la moitié, rétrécies ensuite jusque vers l'angle sutural; à huit ou neuf sillons assez faibles, séparés par des intervalles plus larges et très-médiocrement convexes.

Long. 0,0090 à 0,0105 (4 1/2 à 4 3/4). Larg. 0,0059 à 0,0067 (2 2/3 à 2 3l4.) à la base des élytres; 0,0071 à 0,0078 (3 1/4 à 3 1/2) vers le milieu de celles-ci.

Corps ovale-oblong; obtusément arqué longitudinalement; convexe; d'un noir gris; mat; cilié sur les côtés. *Tête* d'un noir mat ou grisâtre; marquée de points contigus, donnant chacun naissance à une soie courte, livide, couchée, souvent indistincte : ces points séparés par des espaces étroits, un peu rapeux; suture frontale creusée d'un sillon. *Joues* planes. *Epistome* entaillé presque jusqu'au milieu de sa longueur. *Labre* échancré; fauve; garni de poils courts. *Palpes* bruns. *Antennes* prolongées environ jusqu'à la moitié des côtés du prothorax; d'un brun rougeâtre; garnies de poils assez fins; subfiliformes jusqu'au sixième ou septième article, avec les quatre ou cinq derniers grossissant graduellement un peu : le deuxième court; le troisième deux fois à deux fois et demie aussi long que large, presque aussi long que les deux suivants réunis : le quatrième, ovalaire, aussi long que large : les cinquième à septième, moniliformes : les huitième à dixième plus larges que longs : le onzième turbiniforme, rétréci dans sa seconde moitié. *Prothorax* échancré presque en demi-cercle, obtus à son bord antérieur; à angles de devant prononcés, avancés; élargi en ligne courbe jusqu'aux deux tiers, assez faiblement rétréci ensuite en ligne courbe jusqu'aux angles postérieurs, qui sont vifs; bissinué à la base, avec les deux tiers médiaires de celle-ci arqués en arrière; à chaque sinuosité assez régulière, vers chaque sixième externe de sa largeur, avec les angles postérieurs dirigés un peu en arrière et beaucoup moins prolongés que la partie médiane de la base; de deux tiers au moins plus large à

celle-ci qu'il est long sur son milieu; subsillonné en devant
des deux tiers médiaires de la base, qui forme un léger bour-
relet obtus; sans rebord, tranchant et subarrondi sur les
côtés; garni à ceux-ci de cils d'un fauve livide; convexe; légèrement relevé sur les côtés, depuis les angles de devant et
d'une manière graduellement affaiblie jusqu'à la moitié de
ses bords latéraux; d'un noir mat ou grisâtre; granuleux ou
chargé de points tuberculeux, donnant chacun naissance, à
leur partie postérieure, à un poil d'un fauve livide. *Ecusson*
presque arqué postérieurement ou en triangle trois fois aussi
large que long; finement granuleux; d'un noir grisâtre. *Elytres*
un peu plus larges en devant que le prothorax à ses angles
postérieurs; près de trois fois aussi longues que lui sur son
milieu; un peu élargies en ligne courbe jusqu'aux deux cinquièmes ou un peu plus de leur longueur, rétrécies ensuite
jusqu'à l'angle sutural, et d'une manière un peu sinuée avant
ce dernier qui est un peu obtus; un peu obliquement coupées en arrière chacune sur les deux septièmes externes de
leur base, c'est-à-dire sur la partie correspondant au côté basilaire des angles postérieurs du prothorax; à peine munies
d'un rebord marginal denticulé et cilié; convexes; convexement déclives sur les deux cinquièmes postérieurs de leur
longueur; d'un noir mat ou grisâtre; granuleuses ou chargées de points tuberculeux, donnant chacun naissance, à
leur partie postérieure, à un poil d'un fauve livide; marquées
chacune de huit ou neuf sillons ou stries sulciformes assez
faibles : le quatrième sillon, à partir de la suture, correspondant au point le plus avancé de la sinuosité du prothorax.
Intervalles plus larges que les sillons; subconvexes : le cinquième interne, y compris le sutural, le plus court, enclos
postérieurement par les quatrième et sixième. *Repli* d'un
noir mat; finement granuleux; assez faiblement rétréci depuis la base jusques un peu après l'extrémité du quatrième

arceau ventral, où il se termine assez brusquement. *Dessous
du corps* noir ou d'un noir brun ou brunâtre ; garni de soies
ou poils grossiers, couchés, d'un fauve livide ; granuleux sur
les parties pectorales, marqué de points un peu rapeux sur
le ventre. *Prosternum* granuleux. *Postépisternums* subparallèles. *Pieds* médiocres ; noirs ou d'un noir brun, avec les
tarses moins obscurs ; grossièrement ponctués sur les cuisses ;
aspèrement granuleux sur les tibias : les antérieurs comprimés, graduellement élargis de la base à l'extrémité, aussi
larges à celle-ci que les deux tiers de leur longueur ; subdenticulés à leur tranche externe. *Tarses* simples ; d'un brun
rougeâtre ; garnis en dessus de poils rigides : premier article
des postérieurs aussi long que les deux suivants réunis, moins
long que le dernier.

Cette espèce se trouve dans les environs de Porto-Vecchio
(Corse).

DESCRIPTION

D'UNE

ESPÈCE NOUVELLE DE COLÉOPTÈRE ANGUSTIPENNE,

PAR

E. MULSANT et GODARD.

(Présentée à le Société Linnéenne de Lyon , le 9 juillet 1860.)

Xanthochroa Raymondi.

*Allongé ; subparallèle ; pubescent. Tête, antennes, prothorax, écusson,
élytres, poitrine et pieds, d'un flave testacé un peu nébuleux ; une tache
sur le front, côtés des élytres jusqu'à la troisième nervure, et souvent côtés
du prothorax, noirs. Ventre ordinairement d'un brun noir, avec l'extrémité d'un brun testacé, parfois entièrement d'un fauve testacé. Élytres à
quatre nervures prolongées presque jusqu'à l'extrémité : la troisième faible,
très-raccourcie en devant; front plus large (♂ ♀) que le diamètre transversal d'un œil.*

♂ Antennes de douze articles distincts ; prolongées environ
jusqu'aux trois quarts du corps. Ventre à cinquième arceau
d'un quart environ plus long que le quatrième ; rétréci en
ligne presque droite de la base à l'extrémité ; fendu ou étroitement entaillé sur la moitié postérieure au moins de sa longueur et divisé en deux lobes en forme de triangle à côtés
peu curvilignes. Partie sous-pygidiale munie de deux lames
dépassant le cinquième segment de toute la longueur de l'entaille : ces lames, arrondies à l'extrémité et moins fortement
sur le côté externe, en ligne droite à l'interne. Pygidium en
cône subarrondi à l'extrémité.

♀ Antennes de douze articles : le douzième moins distinctement séparé du précédent que les autres ; prolongées environ jusqu'aux trois cinquièmes de la longueur du corps.
Ventre à cinquième arceau d'un quart plus long que le précédent, faiblement rétréci d'avant en arrière, largement tronqué à l'extrémité. Pygidium dépassant le cinquième arceau
de la moitié de la longueur de celui-ci.

État normal.

♂ **Tête** d'un flave testacé nébuleux, avec le front paré d'une
tache noire, ovale ou en losange, étendue à peu près jusqu'aux yeux, dans sa partie la plus large. Mandibules noires
à l'extrémité. Palpes d'un flave testacé un peu nébuleux. Antennes d'un flave testacé nébuleux. Prothorax d'un flave testacé nébuleux, avec les côtés noirs. Ecusson d'un flave
testacé un peu nébuleux. Elytres d'un flave testacé nébuleux,
avec le côté externe d'un noir brûlé, depuis le bord marginal
jusqu'à la troisième nervure. Poitrine et repli du prothorax
d'un flave testacé un peu nébuleux. Ventre d'un brun noir,
avec le cinquième arceau d'un brun testacé. Pieds d'un flave
testacé un peu nébuleux.

Variations (par défaut).

Obs. Quelquefois la tache frontale est peu obscure ; la
bordure noire des côtés du prothorax a disparu ; le ventre
est entièrement d'un fauve testacé.

Ces variations se sont montrées chez la seule ♀ que nous
avons eue sous les yeux ; peut-être ont-elles plus de constance
chez ce sexe que chez l'autre.

Long., 0,0140 (4 1/2); larg., 0,020 (7/8.)

Corps allongé; subparallèle ; peu convexe ; garni en dessus
de poils très-courts, fins, peu apparents, d'un cendré flaves-

cent. *Tête* peu densement et finement ponctuée; paraissant presque glabre; notée d'une fossette sur le milieu du front; chargée d'une ligne élevée courte, au côté interne de la base des antennes; d'un flave testacé, marquée sur le front d'une tache noirâtre en losange ou ovalaire, occupant souvent dans son milieu toute la largeur de la partie précitée : cette tache parfois peu marquée. *Yeux* noirs. *Parties de la bouche* et *palpes* d'un flave testacé, avec l'extrémité des mandibules, noire. *Antennes* prolongées jusqu'aux trois cinquièmes (♀) ou deux tiers (♂) de la longueur du corps; filiformes; d'un flave testacé nébuleux. *Prothorax* faiblement arqué en devant; élargi jusqu'aux deux septièmes de la longueur de ses côtés, offrant dans ce point sa plus grande largeur, rétréci ensuite jusqu'au rebord basilaire, tronqué à la base; moins large à la base qu'il est long sur son milieu; au moins aussi long qu'il est large dans son diamètre transversal le plus grand; très-peu convexe; déprimé transversalement après le bord anté-rieur qui, par là, se trouve légèrement relevé; déprimé ou presque plan sur la partie longitudinalement médiaire du dos; finement ponctué; garni de poils fins et courts; d'un flave testacé ou d'un flave testacé un peu nébuleux, avec les côtés ordinairement bruns ou brunâtres, et moins étroite-ment dans la partie anguleuse, c'est-à-dire vers les deux sep-tièmes. *Ecusson* d'un flave testacé un peu nébuleux; rétréci presque en ligne droite d'avant en arrière, tronqué posté-rieurement. *Élytres* près de cinq fois aussi longues que le prothorax; subparallèles jusqu'aux neuf dixièmes, rétrécies ensuite en ligne courbe; à rebord marginal à peu près vi-sible, quand l'insecte est examiné en dessus; peu convexes; finement et densement ponctuées; garnies de poils d'un cen-dré flavescent, fins, courts et peu apparents; chargées chacune de quatre nervures longitudinales : la deuxième se terminant postérieurement vers les neuf dixièmes ou un peu plus de la

longueur des étuis : la troisième, la plus faible, naissant aux
deux cinquièmes de la longueur des étuis : la quatrième naissant en dehors du calus huméral, vers le milieu de la longueur de celui-ci, prolongée presque parallèlement au bord
externe dont elle s'éloigne un peu vers son extrémité ; d'un
flave testacé un peu nébuleux, avec le côté externe d'un noir
brûlé, jusqu'à la troisième nervure ou à peu près. *Dessous
du corps* pointillé ; garni de poils fins et soyeux ; d'un flave
testacé un peu nébuleux sur la poitrine , brun ou d'un brun
noir sur le ventre, avec le dernier arceau d'un brun roussâtre ou testacé. *Pieds* d'un flave testacé un peu nébuleux.

Cette espèce a été prise dans le midi de la France par l'en-
tomologiste zélé M. Raymond, à qui nous l'avons dédiée.
Elle a été également trouvée en Corse par M. Revelière.

Obs. Elle se distingue du *X. carniolica* par ses antennes
d'un flave testacé nébuleux ; par ses élytres noires à leur côté
externe. Le ♂ a le cinquième arceau beaucoup moins large
et seulement fendu longitudinalement, au lieu d'avoir cette
fente plus large et arrondie à son extrémité basilaire.

Dans son état de coloration le plus complet, elle s'éloigne
du *X. gracilis* par les côtés de son prothorax noirs, par son
ventre d'un noir brun, avec le cinquième arceau d'un brun
ou fauve testacé.

Dans ses variations par défaut, qui semblent plus particu-
lières à la ♀ et qui peut-être sont en partie son état normal,
du moins pour la couleur du ventre, le *X. Raymondi* se distingue encore du *X. gracilis* par ses élytres noires ou brunes
sur les côtés, par ses antennes d'un flave testacé nébuleux, par
sa taille moins avantageuse, par son corps plus étroit. La ♀ a
le cinquième arceau du ventre peu rétréci d'avant en arrière
et beaucoup plus largement tronqué à l'extrémité.

DESCRIPTION

D'UNE

ESPÈCE NOUVELLE DE COLÉOPTÈRE

DU GENRE DASYTES,

PAR

E. MULSANT et REVELIÈRE.

(Lue à la Société Linnéenne de Lyon , le 9 juillet 1860.)

Dasytes tibialis.

Oblong ; d'un noir luisant ou brillant ; hérissé en dessus de poils noirs sur le prothorax, mi-couchés et concolores sur les élytres : celles-ci parées chacune de deux taches d'un orangé testacé : l'antérieure, presque en triangle transverse, rapprochée du bord externe, prolongée dans ce point du septième au tiers de la longueur, étendue transversalement presque jusqu'au quart interne : la seconde, de largeur presque égale, obliquement dirigée, presque des deux tiers de la largeur des étuis, vers le bord sutural qu'elle n'atteint pas, des huit aux neuf dixièmes de la longueur de celui-ci. Dessous du corps et cuisses d'un noir luisant : trochanters , tibias et tarses, d'un flave testacé.

Long. 0,0033 (1 1/2 l.). Larg. 0,0011 (1/2 l.).

Corps oblong ; médiocrement convexe, luisant et garni de poils. *Tête* inclinée ; peu convexe ; d'un noir luisant ; marquée de points assez grossiers et médiocrement rapprochés, donnant chacun naissance à un poil noir, hérissé ; marquée, près de l'épistome, de deux légères fossettes : parties de la bouche d'un noir luisant, avec les mâchoires fauves. *Antennes* prolongées à peine jusqu'aux angles postérieurs du prothorax ; noires;

grossissant faiblement et graduellement à partir du troisième article : celui-ci plus long que large : les quatrième à dixième plus larges que longs, subdentés au côté interne : le onzième ovalaire, renflé dans son milieu, rétréci en pointe vers l'extrémité. *Prothorax* tronqué en devant; subarrondi ou arqué sur les côtés, mais un peu plus rétréci dans sa seconde moitié que dans la première; subarrondi aux angles de devant et plus arrondi aux postérieurs; un peu en arc dirigé en arrière, à la base; rebordé dans sa périphérie; de moitié plus large que long; convexe; d'un noir luisant ou brillant; marqué de points grossiers, médiocrement rapprochés, donnant chacun naissance à un poil noir, hérissé; rayé de deux lignes longitudinales un peu sinueuses, naissant chacune dans la direction du côté de l'œil et prolongée jusqu'aux angles postérieurs. *Écusson* en triangle, à côtés curvilignes, au moins aussi large à la base qu'il est long sur son milieu; déprimé transversalement; noir; luisant; pointillé; peu hérissé des poils. *Élytres* un peu plus larges en devant que le prothorax dans son diamètre transversal le plus grand; deux fois et demie à trois fois aussi larges que lui; subparallèles et graduellement et faiblement élargies jusqu'aux trois quarts de leur longueur, obtusément arrondies à l'extrémité, prises ensemble; peu convexes sur le dos, convexement déclives sur les côtés; munies à ceux-ci d'un rebord invisible en dessus et s'effaçant postérieurement; munies d'un rebord sutural presque nul en devant; d'un noir luisant, parées chacune de deux taches d'un orangé testacé : la première, presque liée au bord externe, où elle est prolongée du septième au tiers de la longueur de l'étui, transversalement étendue au côté interne jusqu'au tiers ou presque au quart de la largeur, en ligne courbe à son bord antérieur, échancrée en arc à son bord postérieur, graduellement moins développée en longueur de dehors en dedans, terminée à son côté interne en pointe un peu arquée : la seconde, oblique, presque parallèle au bord postérieur, ordinairement de longueur uniforme, quelquefois plus développée près de la suture : dans ce premier cas, une fois et quart plus longue que large, naissant vers les deux tiers de la largeur et un peu plus avant que les deux tiers de la longueur, obliquement dirigée vers le rebord sutural qu'elle ne touche pas ou qu'elle atteint à peine, des quatre cinquièmes ou plus rarement (quand elle offre plus de développement près de la suture) presque des deux tiers aux neuf dixièmes de la longueur des étuis; un peu moins grossièrement ponctuées que le prothorax; garnies de poils concolores, mi-hérissés; souvent déprimées près de la suture, vers le tiers ou les deux cinquièmes. *Repli* étroit sur les côtés de la poitrine, réduit postérieurement à une tranche. *Dessous du corps* noir; luisant, finement ponctué; garni de poils fins. *Pieds* médiocres; garnis de poils fins; noirs sur les cuisses, d'un fauve testacé sur les trochanters, les tibias et les tarses.

Cette espèce habite la Corse ; elle se trouve sur le *Cakile maritima*.

NOTE

SUR L'HARMONIA LYNCEA.

(COCCINELLIDE),

PAR

E. MULSANT.

(Présentée à la Société Linnéenne de Lyon , le 14 mai 1860.)

L'espèce de Coccinellide désignée par Olivier sous le nom de *lyncea*, dont je n'avais eu sous les yeux qu'un seul exemplaire, celui de la collection Dejean, a beaucoup d'analogie avec l'*Harmonia* 12-*pustulata* ; mais elle doit constituer une espèce particulière. Elle se distingue de cette dernière, ainsi que je l'avais dit , par son prothorax orné sur la ligne médiane de la partie noire, d'une ligne blanche prolongée jusqu'aux trois quarts de la longueur du segment prothoracique ; par le réseau noir des élytres plus étroit ; par les taches ou mailles de ce réseau conséquemment plus développées ; par la deuxième tache juxta-suturale réniforme, entaillée dans le milieu de son bord antérieur ; par la postérieure, transverse, en espèce de parallélogramme, une fois plus large que longue ; par ses tibias et tarses et parfois la totalité des pieds, d'un flave ou livide testacé. Ces caractères se sont trouvés constants sur un certain nombre d'individus que j'ai eu l'occasion d'examiner.

Cette espèce est exclusivement méridionale. L'exemplaire d'Olivier provenait du Portugal ; celui de la collection

Dejean, d'Espagne. Elle a été prise à Hyères par M. Cl. Rey
et par feu M. Foudras.

Elle peut donc être caractérisée ainsi :

Harmonia lyncea, Olivier.

*Brièvement ovale. Prothorax noir, paré d'une ligne médiane postérieu-
rement raccourcie, d'une bordure antérieure étroite, d'une bordure latérale large, formant une tache irrégulièrement quadrangulaire prolongée
jusqu'aux angles postérieurs, flaves. Elytres ornées d'un réseau noir,
étroit, enclosant six taches d'un jaune pâle : trois marginales ou liées au
bord externe qui reste flave ; (la postérieure ou apicale une fois plus large
que longue) : trois, internes ou juxta-suturales en quinconce avec les pré-
cédentes (la deuxième réniforme). Trochanters, tibias et tarses, et parfois
tous les pieds, d'un flave testaeé.*

Coccinella lyncea, Oliv. Entom. t. VI, p. 1036, 104, pl. 7, fig. 115.
Harmonia lyncea, Muls. Spéc. des Coléopt. trim. sécurip. p. 92, 16.

ESPÈCE NOUVELLE DE COLÉOPTÈRE

DE LA TRIBU DES MOLLIPENNES,

Par E. MULSANT.

Telephorus illyricus.

Noir; pubescent : partie antérieure de la tête, deux premiers articles des antennes et partie des trois suivants, côtés et extrémité du ventre, pieds, moins le dos au moins des cuisses et partie des tibias et tarses postérieurs, et prothorax, d'un roux testacé : celui-ci élargi jusqu'aux trois cinquièmes, au moins aussi large dans ce point que les élytres, rétréci ensuite en ligne droite; paré de chaque côté de la ligne médiane d'une tache noire, plus rapprochée du bord antérieur que de la base : partie noire de la tête tronquée dans le milieu de son bord antérieur.

♂ Antennes un peu plus longues que la moitié du corps ; à deuxième article égal aux trois cinquièmes du suivant. Ventre de huit arceaux : le septième, échancré en arc à son bord postérieur : le huitième en cône, d'un tiers ou de moitié plus long qu'il est large à la base. Premier article des tarses antérieurs notablement dilaté, élargi de la base à l'extrémité, de moitié environ plus long qu'il est large à celle-ci, un peu plus large à cette dernière que l'extrémité du tibia : le deuxième une fois moins large à la base que le premier à son extrémité, à peine plus large que les deux suivants.

Obs. Les parties testacées sont ordinairement d'un orangé testacé plus jaune; le bord postérieur des quatre premiers arceaux du ventre est d'un roux orangé : la partie noire du cinquième et surtout celle du sixième est réduite ordinairement à deux taches : les septième et huitième sont d'un fauve ou roux testacé.

♀. Antennes à peu près égales à la moitié de la longueur du corps; à deuxième article à peine plus long que les trois cinquièmes du suivant. Ventre de sept arceaux : le septième deux fois et demie aussi long sur son milieu qu'il est large à sa base, sinué à son bord postérieur près de chaque angle postérieur, avec la partie médiane dudit bord plus prolongée en arrière que les angles et entaillée dans son milieu. Premier article des tarses antérieurs, de moitié plus long qu'il est large à son extrémité, à peine aussi large à celle-ci que l'extrémité du tibia, peu élargi de la base à l'extrémité, à peine plus large à celle-ci que les trois suivants.

Obs. Les cinq premiers arceaux du ventre sont ordinairement noirs à leur bord postérieur, le sixième est paré d'une bordure d'un roux testacé ou orangé, avec la partie noire souvent presque réduite à deux taches : le septième, entièrement d'un roux testacé ou orangé.

ETAT NORMAL. *Antennes* noires, avec les quatre premiers articles testacés : les troisième et quatrième brièvement noirs à l'extrémité : le cinquième plus ou moins longuement testacé à la base : le sixième noirâtre ; les autres noirs. *Prothorax* paré de deux taches rétrécies d'avant en arrière, une fois environ plus longues que larges. *Ventre* coloré suivant les sexes, comme il a été dit. *Pieds* : les antérieurs, d'un roux testacé, avec l'arête antérieure des cuisses, et une bande transverse ou demi-anneau, en dessous, près du genou, noirs : les intermédiaires : cuisses noires, avec les genoux, les tibias, parfois les tarses ou partie des tarses, testacés : les postérieurs : cuisses noires, genoux, base et plus brièvement l'extrémité des tibias, et quelquefois partie des tarses, testacés.

Cantharis illyrica (DEJEAN) Catal. (1837), p. 118.

Variations (par défaut).

Quand la matière colorante noire n'a pas été aussi abondante, le cinquième article des antennes est testacé : le sixième moins obscur que dans l'état normal. Les taches du

prothorax se modifient dans leur forme en se raccourcissant,
se montrent réniformes ou subponctiformes. Le ventre du ♂
n'offre parfois point de taches noires sur les cinquième et
sixième arceaux. L'arête des cuisses antérieures est quelquefois testacée : les cuisses intermédiaires et postérieures offrent
à la base un trait longitudinal testacé : les tibias postérieurs
sont parfois testacés ou avec un trait noir près de l'arête inférieure et les tarses postérieurs sont testacés.

Variations (par excès).

Quand la matière colorante noire a abondé, le troisième
article des antennes est noir ou noirâtre sur sa seconde moitié ; le quatrième plus longuement et le cinquième presque entièrement noir : les taches du prothorax plus grosses,
ont plus du tiers de la longueur de ce segment : les tibias
intermédiaires obscurs ou noirâtres sur l'arête extérieure ; les
postérieurs presque entièrement noirs.

Long. 0,0135 à 0,0157 (6 à 7 l.). Larg. 0,0033 à 0,0042 (1 1/2 à 1 7/8 l.)

Corps allongé, pubescent. *Tête* à peine aussi large, dans
son diamètre transversal le plus grand, que le prothorax à
ses angles de devant ; d'un noir peu luisant sur sa moitié
postérieure, d'un roux ou orangé testacé sur l'antérieure : la
partie noire, presque avancée jusqu'au bord postérieur de la
base des antennes, sinuée ou échancrée derrière chacune de
ces bases, tronquée ou à peine échancrée dans le milieu de
son bord antérieur et aussi avancée dans ce point que le bord
postérieur des antennes : la partie testacée, plus luisante,
parcimonieusement pointillée, hérissée de poils d'un cendré
testacé, mi-relevés, convexe ou subcarénée. *Mandibules* d'un
roux livide ou testacé à la base, brunes ou noires à l'extrémité. *Palpes* d'un roux testacé, avec l'extrémité du dernier
article noire. *Antennes* prolongées environ jusqu'à la moitié

*   2

(♀) ou un peu plus (♂) de la longueur du corps ; atténuées
à partir du troisième article : le deuxième, égal aux trois
cinquièmes (♂) ou un peu plus (♀) du suivant : d'un roux
testacé sur les deux premiers articles et sur la majeure partie
ou du moins à la base des trois premiers articles, noires sur
les autres : les deux premiers garnis de poils concolores,
mi-couchés : les autres très-brièvement pubescents. *Prothorax* faiblement et obtusément arqué en devant ; arrondi
aux angles antérieurs ; irrégulièrement arqué sur les côtés,
c'est-à-dire élargi en ligne un peu courbe jusqu'aux trois
cinquièmes ou deux tiers de sa longueur, rétréci ensuite en
ligne droite ou à peine sinuée jusqu'aux angles postérieurs ;
peu ou point émoussé à ceux-ci ; sensiblement arqué en arrière, sinué au devant de l'écusson et moins sensiblement près
des angles postérieurs, à la base ; d'un quart ou d'un tiers
plus large à la base qu'il est long sur son milieu ; inégalement
convexe ; transversalement déprimé après le bord antérieur
qui, par là, est sensiblement relevé, et offrant vers les deux
septièmes de sa longueur la partie la plus profonde de cette
dépression ; relevé sur les côtés en rebord presque aplani,
depuis le bord antérieur jusqu'aux cinq septièmes ou deux
tiers de sa longueur : ce rebord, aussi large vers les deux septièmes de la longueur du segment, que le cinquième de la
largeur totale de celui-ci, graduellement rétréci jusqu'à sa
partie postérieure : étroitement relevé en rebord à la base ;
rayé, sur la ligne médiane, d'un sillon linéaire, depuis la
dépression transversale jusqu'au rebord basilaire ; luisant ;
d'un roux testacé ou d'un fauve orangé, ordinairement plus
pâle et parfois d'un testacé livide sur les côtés ; paré, de
chaque côté de la ligne médiane, d'une tache noire, ordinairement rétrécie d'avant en arrière, plus rarement réniforme ou subponctiforme, un peu plus rapprochée du bord
antérieur que du postérieur, couvrant, dans son développe-

ment normal, le tiers presque médiaire de sa longueur, quelquefois presque réduite au cinquième ou au sixième de cette longueur ; pointillé ou finement et parcimonieusement ponctué ; garni de poils cendrés ou cendrés testacés, assez courts et médiocrement apparents. *Écusson* en triangle souvent peu émoussé ; noir ; pubescent. *Élytres* un peu plus larges en devant que le prothorax à ses angles postérieurs, un peu moins larges ou à peine aussi larges que lui dans son développement transversal le plus grand ; trois fois et demie à trois fois et trois quarts aussi longues que lui ; parallèles ; très-obtusément arrondies à leur extrémité ; presque planes sur le dos ; creusées d'une fossette humérale ; ruguleusement ponctuées ; garnies d'un duvet cendré assez épais, fin et couché ; noires, mais paraissant d'un noir cendré ; offrant ordinairement les traces de trois nervures : la deuxième naissant de la fossette, souvent prolongée jusque près de l'extrémité : la première, entre celle-ci et la suture, plus raccourcie postérieurement : la troisième, près du bord externe, variablement prolongée. *Ailes* brunes. *Dessous du corps* pubescent ; d'un orangé testacé sur la partie antérieure de la tête, sur le repli thoracique et sur l'antépectus, noir sur les médi et postpectus. *Ventre* coloré, comme il a été dit. *Pieds* pubescents ; colorés, comme il a été dit. *Ongles* testacés ; munis à la partie inférieure de la base de chacune de leur branche externe d'un dent prolongée avec ladite branche jusqu'aux deux cinquièmes de la longueur de celle-ci et confondue avec la branche presque jusqu'à son extrémité.

Cette espèce n'est pas très-rare, au printemps, dans les parties méridionales de notre ancienne Provence.

NOTICE

SUR

ANTOINE LACÈNE

Par E. MULSANT.

(Lue à la Société Linnéenne de Lyon.)

Il est des hommes dont la vie fut toujours si admirable et si pure, dont toutes les actions eurent si visiblement pour mobile l'amour du bien et le bonheur de leurs semblables, qu'on est heureux d'avoir à retracer le souvenir de leurs vertus et de leur dévouement. Ces pensées naissaient naturellement dans mon esprit, au moment où je prenais la plume pour vous parler de l'homme vénéré auquel ces pages sont consacrées.

ANTOINE LACÈNE naquit à Lyon le 30 décembre 1769, au sein d'une famille riche et honorée. Il fut le fils unique de Salve Lacène et de Magdeleine Magnieunin. Son père, homme instruit, après avoir trouvé, dans l'une des branches de l'industrie qui ont la soie pour objet, les moyens d'accroître sa fortune patrimoniale, s'était retiré des affaires, pour consacrer son temps à l'étude et aux arts. Il mit ses soins et ses complaisances à former une collection de tableaux que son fils, héritier de ses goûts, devait un jour augmenter encore. Ce dernier l'avait enrichie, entre autres objets, du Laocoon de Chinard, qui avait valu à cet artiste le grand prix de Rome ; et le Musée de notre ville doit à sa générosité la possession de ce chef-d'œuvre.

Le jeune Antoine, unique objet des espérances de ses parents, se vit entouré, dès le berceau, des attentions les plus délicates et des affections les plus tendres. Sa mère, surtout, avait pour lui cet amour idolâtre dont l'aveuglement conduit à la faiblesse. Incapable d'avoir la force de se séparer de cet enfant, objet principal de ses pensées, elle apporta un assez long retard au commencement de ses études. Il n'entra au collége qu'à l'âge de douze ans ; mais grâces à son intelligence, il répara bientôt le temps perdu, par son travail et par son application.

A la fin de sa dernière année scholaire, il eut la douleur de faire une de ces pertes irréparables, qui laissent pour toujours dans notre âme des regrets plus ou moins amers, mais dont l'adolescent ne comprend pas aussi bien toute l'étendue que celui qui avance davantage dans le chemin de la vie : la mort lui enleva son père le 6 septembre 1789.

Au moment où il quittait les bancs de l'école, et où il arrivait à la jeunesse, les idées nouvelles qui devaient conduire à une révolution, parurent d'abord sourire à son cœur noble et généreux ; mais dès qu'il s'aperçut qu'au lieu de songer seulement à réformer les abus, on voulait faire table rase du passé, pour édifier à nouveau ; quand il vit surtout le trône menacé, ses illusions ne tardèrent pas à s'évanouir ; il s'attacha au drapeau de notre antique monarchie, à laquelle son cœur resta fidèle jusqu'à son dernier soupir.

Indigné bientôt des excès de la Convention, il fut un des premiers à s'enrôler dans les rangs de cette milice lyonnaise qui devait combattre dans nos murs, contre le pouvoir qui pesait sur la France. Il fit partie de la garde à cheval ; et quand M. de Précy convia ses concitoyens à prendre les ar-

mes, il eut seul le courage d'accompagner le tambour chargé
de proclamer cet appel dans tous les quartiers de la ville.

Il n'en fallait pas tant pour attirer l'attention du comité
révolutionnaire; aussi, après le siége, fut-il obligé de se
cacher, pour soustraire sa tête à l'échafaud. Il trouva d'abord
un asile assez rapproché de la cité ; mais sa mère craignant
de voir sa retraite découverte, profita de la première occasion pour le faire passer à l'étranger. Elle le confia à l'un de
ces hommes qui, dans ces temps difficiles, se chargeaient
moyennant une récompense honnête, de faciliter la fuite des
émigrants. Arrivé à Carouge, muni d'un faux passeport, il
courait le risque d'y être arrêté : la prudence de son guide
le sauva de ce danger. Donnez-moi vos papiers, lui dit-il,
et au lieu de vous présenter, allez m'attendre dans le village
voisin. En y arrivant, aux abords de la nuit, Lacène vit la
porte de l'église ouverte ; il se glissa dans le lieu saint, et se
blottit dans un confessionnal, où il ne tarda pas à s'endormir.
S'étant éveillé de grand matin, et trouvant alors l'église fer-
mée, il essaya de grimper sur le confessionnal, pour tâcher,
de là, de s'esquiver par l'une des fenêtres; mais au moment
où il allait atteindre son but, l'objet auquel sa main s'était
cramponnée cédant à la traction, se détacha tout-à-coup, et
le fit rouler assez lourdement à terre. Après s'être remis de
son émoi, une seconde tentative fut plus heureuse, et lui
permit de sauter dans le cimetière qui entourait l'église du
hameau. Dans sa chute, il tomba près d'une vieille femme,
qui était là, priant sur la tombe de l'un de ses proches.
Celle-ci croyant à l'apparition d'un revenant, s'enfuit épou-
vantée, en poussant des cris qui causèrent dans le village
une émotion bien naturelle. Cette circonstance permit au
guide de trouver les traces du jeune émigrant, qu'il avait en
vain cherché durant la nuit, et, tous les deux, ils purent,
sans autre encombre, franchir les frontières et arriver à Fri-

bourg. Lacène habita cette ville hospitalière, en compagnie de divers ecclésiastiques, jusqu'au moment où les temps devenu moins orageux, par suite de la mort de Robespierre, il leur fut donné de revoir le ciel si doux de la patrie. Toutefois, après avoir embrassé sa mère, il crut prudent de se soustraire pendant quelque temps encore aux regards ombrageux des hommes du pouvoir.

Pour charmer les moments de sa retraite, il se livra à l'étude avec une ardeur toute nouvelle. Un peu plus tard, quand il put, en toute assurance, jouir de sa liberté, il suivit les cours de physique et de chimie expérimentales, professés à l'Ecole-Centrale (¹) par M. Mollet.

Lacène, dans son jeune âge, était tombé d'une escarpolette mise en mouvement. On a depuis attribué à cette chute, qui semblait d'abord sans gravité, l'altération qu'il éprouva dans l'un de ses sens les plus précieux, dans celui de l'ouïe. Son oreille commença, vers ce temps, à se montrer moins sensible à l'impression des ondulations sonores. Cette incommodité naissante lui donna des inquiétudes et éveilla en lui le goût de la campagne. Il délaissa un peu son appartement de la ville pour habiter davantage sa propriété de Sainte-Foy. Il s'y livra à la taille des arbres, et particulièrement à celle des pêchers, si imparfaitement pratiquée jusqu'alors, et il contribua à faire connaître les méthodes nouvelles destinées à en accélérer le perfectionnement.

(¹) L'École-Centrale était placée au Palais Saint-Pierre. Les professeurs étaient MM. Beranger, pour les Belles-Lettres ; Cogell, pour le Dessin ; Brun, pour la Grammaire générale; Roux, pour les Mathématiques ; Besson, pour les Langues Anciennes ; Mollet, pour la Physique ; Gilibert, pour l'Histoire naturelle ; Delandine, pour la Législation. Ces Professeurs étaient déjà nommés depuis deux ans, par un jury spécial des citoyens de la ville, quand ils furent installés, en présence des autorités constituées, le premier jour complémentaire de l'an IV. Les cours s'ouvrirent presque immédiatement.

Il goûtait, au milieu de ses beaux jardins, et dans l'étude des œuvres de la nature, ces jouissances délicieuses et cette douce quiétude, qui s'harmonisait si bien avec le calme de son âme.

Mais il lui était difficile, avec son imagination si vive et si facilement inflammable, avec ses aspirations naturelles vers le beau, de vivre au milieu des fleurs, de respirer les suaves parfums exhalés par leur corolle, sans éprouver un vif attrait pour ces gracieuses filles de la terre. Aussi, ne tarda-t-il pas à s'éprendre pour elles d'une passion qui devait, jusqu'à la fin de ses jours, faire la douceur de son existence.

Cet amour, toutefois, ne fut pas assez exclusif, pour empê-cher à son cœur d'être captivé par d'autres attraits. Le 16 avril 1798, il épousait sa cousine, mademoiselle Louise Magnieunin, charmante personne, joignant aux grâces et à la plus séduisante beauté, les qualités du cœur et de l'esprit qui devaient être pour lui le gage du bonheur de sa vie.

Cet événement, qui a toujours sur notre destinée une in-fluence si grande, le fit sortir un peu de la solitude dans laquelle il semblait se complaire. Il fallait nécessairement faire connaître sa jeune épouse à ses amis, et la produire ainsi dans le monde, dont elle était l'ornement. Un peu plus tard, il suivit, avec elle, les leçons de botanique de M. Mouton-Fontenille, et prit part aux excursions matinales que le maître, accompagné de quelques disciples, se plaisait à faire aux alentours de la ville. Au retour, ces amis de Flore venaient chez Lacène, près d'une table convenablement servie, se re-poser de leurs fatigues, et goûter, dans l'épanchement d'une gaîté libre de contrainte, tous les charmes de l'amitié.

Plusieurs années se passèrent ainsi, au sein des plus douces occupations et des plus aimables jouissances, et son bonheur eût été complet, s'il avait pu voir sa maison animée par un enfant au berceau ; mais ce désir bien légitime, pour lequel l'espérance semblait lui sourire dans ses rêves, ne devait jamais être rempli.

Un événement douloureux, la mort de sa belle-mère, le mit, en 1811, en possession de la campagne d'Ecully. A partir de ce moment, il l'habita, pendant la belle saison, avec son beau-frère, Camille Jordan (¹). Les dispositions de cette charmante villa sont, comme on le sait, l'œuvre du célèbre Morel (¹), dont le génie, en cherchant à imiter la nature, a su trouver le secret de l'embellir et de lui prêter des charmes nouveaux, en créant l'art du jardin paysagiste.

Dans la même année, cette retraite d'Ecully vit se reposer, sous ses ombrages, trois personnages dont l'histoire a retenu

---

(¹) Jordan (Camille), orateur et publiciste, cousin de Casimir et Augustin Périer, né à Lyon le 11 janvier 1771, avait épousé mademoiselle Julie Magnieunin, sœur de madame Lacène.

(¹) Morel (Jean-Marie), architecte, peintre et musicien, est né à Lyon en 1728, et mort dans la même ville, en 1810. M. Dumas, ancien secrétaire de l'académie de notre ville, a consacré, dans le tome II des Archives du Rhône, quelques pages à sa mémoire. M. de Fortair avait précédemment publié : Notice sur la vie et les œuvres de Jean-Marie Morel. *Paris*, 1813, in-8°, 16 pages. On a de Morel : ＼

1° L'art de distribuer les jardins suivant les usages des Chinois. *Londres*, 1757, in-8°.

2° Théorie des jardins, ou l'art des jardins de la nature. *Paris*, 1776, in-8°.

3° Tableau dendrologique. *Lyon*, an VIII, in-8°.

4° Mémoire sur la théorie des eaux fluantes, appliquée au cours du Rhône depuis la pointe de la Pape jusqu'à la Mulatière. (Archives du Rhône, tome I, p. 441-466). Ce mémoire avait été lu à l'Académie en l'an XII.

Il a laissé, en outre, deux ouvrages inédits : l'un, sur *la composition de la musique*, l'autre, sur *l'architecture rurale*.

On se rappelle les vers suivants, de Delille, dans son poème des Jardins :

> Ainsi, malgré Morel, dont l'éloquente voix,
> De la simple nature a réclamé les droits,
> J'aime ces jeux où l'onde, en des canaux pressée,
> Part, s'échappe, jaillit, avec force élancée, etc.

les noms dans ses annales : madame de Staël (¹), le vicomte,
qui devait être plus tard le duc Matthieu de Montmorency (²),
et madame Récamier (³), et voici à quelle occasion :

L'auteur de *Corine* (⁴), retirée dans le Blaisois, chez M. le
comte de Salaberry, y avait reçu la nouvelle de la mise au
pilon, de tous les exemplaires tirés, de son ouvrage sur l'Alle-
magne, et l'ordre de Savary, alors ministre de la police, de
quitter la France sous trois jours. Elle ne voulut pas traver-
ser Lyon, en se rendant à Coppet, sans consacrer quelques
heures à Camille Jordan, vivant alors à la campagne. Celui-ci
donna, à cette occasion, dans sa maison de ville, un dîner
auquel furent conviés bon nombre d'amis. Au dessert, on
vint à parler des *Martyrs* de M. de Chateaubriand, dont le
succès occupait encore beaucoup les esprits, dans le monde
littéraire. Madame de Staël fit l'analyse de cet ouvrage, avec
une supériorité d'esprit, une élévation de pensées et une
magnificence de langage telles, qu'elle laissa dans l'ébahisse-
ment ceux mêmes qui avaient de ses talents la plus haute
idée.

La fille de Necker n'avait pas, comme on l'a dit, cette dé-
licatesse et cette régularité des traits, qui prêtent parfois à
la figure des grâces si attrayantes (⁵); mais quand son cœur

(¹) Staël-Holstein (Anne-Louise-Germaine Necker, baronne de), née le 22
avril 1776, à Paris, où elle est morte le 14 juillet 1817.

(²) Montmorency (le duc Matthieu de), pair de France, etc., né le 10 juillet 1760, à Paris, où il est mort le 24 mars 1826.

(³) Récamier (Jeanne-Françoise-Julie-Adélaïde Bernard, épouse de M.), née
à Lyon, rue de la Cage, le 3 décembre 1777, morte à Paris le 11 mars 1849.

(⁴) La première édition de cet ouvrage parut en 1809, en deux volumes in-8;
la deuxième, en 1809, en trois volumes in-18 ; la troisième, en 1810, en trois
volumes in-8°.

(⁵) Madame de Staël, douée d'une si noble intelligence, souffrait, dit-on,
singulièrement de n'être pas aussi bien partagée sous le rapport des agré-

ou son esprit se sentaient excités, son visage s'illuminait d'une beauté intellectuelle; le génie y brillait de tout son feu, et, de ses yeux doués d'une rare magnificence, jaillissaient comme des éclairs, qui annonçaient l'éclat de sa parole.

Le vicomte de Montmorency, attaché depuis longtemps par la reconnaissance à madame de Staël, qui avait été pour lui un ange de salut, dans les jours périlleux de la révolution, avait voulu aussi serrer la main à Camille Jordan et à Lacène, en allant à Coppet, consoler dans l'exil sa malheureuse amie. Le même motif avait, peu de temps après, conduit à Ecully madame Récamier, cette femme célèbre, dont la beauté du caractère se réflétait sur la gracieuse et séduisante perfection de sá figure.

Combien d'autres personnages, plus ou moins célèbres, n'ont pas, depuis cette époque, pris le chemin de la même villa? Les Ballanche (¹), les de Gérando (²), les Ampère (³),

---

ments de la figure. Si elle l'avait pu, elle aurait demandé à la nature de lui enlever ce qu'avaient de supérieur ses facultés intellectuelles, pour lui donner en retour le don de la beauté; et, par un sentiment bien naturel chez une femme, elle se séntait blessée de la moindre allusion capable de lui rappeler qu'elle manquait de cet avantage. Un personnage, dont il est inutile de redire le nom, lui donnait un jour le bras, ainsi qu'à madame Récamier : Combien je me sens heureux, dit-il à ces dames, de me trouver placé dans ce moment entre l'esprit et la beauté. Monsieur, répartit vivement madame de Staël, et avec un ton qui confondit l'interlocuteur, vous êtes le premier qui m'ayez dit que j'étais belle.

(¹) Ballanche (Pierre-Simon), de l'Académie française, né à Lyon, le 4 août 1776, mort à Paris le 12 juin 1847.

(²) Gérando (Joseph-Marie Mottet, baron de), pair de France, membre de l'Académie des Inscriptions et Belles-Lettres, né à Lyon le 29 février 1772, mort à Paris le 10 novembre 1842.

(³) Ampère (André-Marie), membre de l'Institut, etc., né à Lyon le 20 janvier 1775, mort à Marseille le 10 juin 1836.

les Dugas-Montbel (¹), ces amis de longue date, venaient
dans ces allées embaumées se délasser de leurs travaux, ou
s'y livrer aux doux épanchements d'une réciproque affection.
Les Menoux (²), les Thomas Dugas (³), les Martinel (⁴), les
Bourgeois (⁵), les Balbis (⁶), les Grognier (⁷), et une foule
d'autres, aimaient à visiter ces beaux jardins, à jouir de la
conversation de Lacène; ils ne quittaient jamais cet homme
aimable et bon, sans être émerveillés de l'habileté du praticien expérimenté, et souvent sans avoir appris quelque chose
de nouveau, dans la science de l'amateur des jardins.

Les connaissances horticoles de Lacène l'appelaient naturellement à prendre place parmi les membres de la Société
d'agriculture : en 1813, il fut admis dans cette compagnie.

Quelques mois après, les dernières guerres de l'Empire se
terminaient par le retour des Bourbons. Lacène, dont le
cœur n'aimait pas à demi, salua la restauration de toutes les
joies de son âme. Il ne tarda pas à se mettre en rapport
avec Fiévée (⁸), et, pendant plusieurs années, il entretint avec

---

(¹) Dugas-Montbel (Jean-Baptiste), membre de l'Académie française, etc.,
né à Saint-Chamond (Loire) le 11 mars 1776, mort à Paris le 30 novembre 1834.

(²) Menoux (Louis-François-Marie), conseiller à la Cour, etc., né à Lyon le
28 octobre 1769, mort le 31 juillet 1855, dans la même ville.

(³) Dugas (Thomas), adjoint au maire de Lyon, durant la Restauration, né
à Saint-Chamond (Loire) le 27 mars 1773, mort dans sa maison de campagne
de Caluire le 17 novembre 1857.

(⁴) Martinel (le chevalier Joseph-François-Marie de), directeur de la pépi-
nière départementale, né en Piémont vers 1763, mort à Lyon le 5 avril 1829.

(⁵) Bourgeois (Alexis-André), né à Guise (Aisne) en 1770, mort à Lyon le
1ᵉʳ octobre 1845.

(⁶) Balbis (Jean-Baptiste, directeur du jardin des plantes de Lyon, né à
Moretta (Piémont) le 17 novembre 1765, mort à Turin le 13 février 1831.

(⁷) Grognier (Louis-Furcy), professeur à l'école vétérinaire, né à Aurillac le
1ᵉʳ avril 1774, mort à Lyon le 7 octobre 1837.

(⁸) Né vers 1770, à Paris, où il est mort en 1839.

ce célèbre publiciste une correspondance assez suivie. Leurs idées semblaient puisées aux mêmes inspirations ([1]). Aussi, son ami lui écrivait-il ([2]) : « Il est entendu, entre nous, que « l'accord des opinions et des sentiments remplira l'inter- « valle de nos lettres, » et, deux ans après ([3]), il lui disait : « Oui, certainement, vous étiez pour beaucoup dans la note « que j'ai mise à la onzième partie ([4]) de ma Correspon- « dance ([5]). »

Ceux qui ne partageaient pas la manière de voir de Lacène,

([1]) Dans la malheureuse année 1816, où l'intempérie des saisons venait occasionner la cherté des subsistances, aggraver les lourdes charges du budget de l'État, et créer ainsi des embarras pour le gouvernement du Roi, Lacène adressa à la Chambre des députés une pétition ayant pour but de faire adopter le généreux projet émis par Fiévée, dans la cinquième partie de sa Correspondance politique, p. 41. *Plan de finance français.*

Voici comment s'exprimait à ce sujet le *Journal politique et littéraire du département du Rhône*, dans son n° 23, du 4 mai 1816.

« M. Lacène, dans sa pétition, fait un appel au patriotisme français, et « propose, d'après M. Fiévée, la création d'une décoration, pour tous ceux « qui verseraient 5,000 fr. ou même 2,500 fr., dans une caisse particulière, « et dans un temps déterminé. Il offre, lui, de verser 5,000 fr. sans délai. « Il déclare qu'il ne recherche ni distinction ni récompense. Accoutumé, « dit-il, à aimer le Roi, pour qui il donnerait volontiers sa fortune et sa vie, « il n'a d'autre ambition que le salut de la France. Mais il voudrait cepen- « dant que son offre se rattachât à une institution royale, qui ayant tout à la « fois pour but, l'intérêt de la royauté et le soulagement des malheureux, « déterminerait d'autres Français à suivre son exemple. Tout est possible, « ajoute-t-il, au nom du Roi et de l'honneur. Un grand nombre de Lyonnais « se joindraient bientôt à lui ; et ceux qui, en 1793, combattaient pour la cause « du Roi martyr, s'estimeront heureux de donner, à son auguste frère, de « nouvelles preuves de leur dévouement et de leur amour. »

([2]) Le 6 novembre 1816.

([3]) Le 25 mars 1818.

([4]) Concernant la conspiration de Lyon.

([5]) Correspondance politique et administrative, commencée en mai 1814. *Paris*, 1815-1819, 15 parties, in-8°.

ne pouvaient du moins s'empêcher de rendre justice à la sincérité de ses convictions, à la droiture et à la pureté de ses
intentions.

Un accident affreux qui pouvait avoir les suites les plus
fâcheuses, mit fin en 1818 à cet échange de lettres politiques.
Lacène avait voulu monter un de ses chevaux de voiture.
L'animal, sans doute trop lourd pour la selle, glissa sur le
pavé, devant la façade du Rhône, et tomba sur son cavalier.
Dans la chute, l'étrier porta sur la cuisse de celui-ci, et y fit
une blessure si profonde, qu'on craignit un moment d'être
obligé de recourir à l'amputation. Une consultation des
hommes de l'art les plus habiles eut lieu quelques moments
après, et à la suite d'un examen attentif de la plaie, le docteur
Bouchet put calmer les inquiétudes de la famille et donner
des espérances au blessé. Mais le système nerveux trop impressionnable du malade avait été frappé : de là, des transports au cerveau, qui donnèrent des craintes sérieuses pour
sa vie. Après divers essais, la musique eut seule le pouvoir
de calmer son imagination délirante. Des amis s'entendirent
aussitôt pour venir tour à tour, exécuter au pied de son lit
des quatuor où des symphonies, dont la douce mélodie endormait et calmait ses souffrances morales. Souvent l'orgue
de barbarie arrêtée sous ses fenêtres eut le pouvoir de produire ces effets salutaires.

Cette maladie affreuse dura trois ou quatre mois. Elle
servit du moins à montrer de combien d'estime et d'affection
Lacène se trouvait entouré ; on faisait foule chaque jour pour
venir s'enquérir de ses nouvelles. Il put enfin sortir de son
lit et marcher à l'aide de béquilles. Les eaux d'Aix, auxquelles il se rendit durant plusieurs saisons de suite, achevèrent de le guérir.

Dans la même année 1818, le docteur Goullard eut l'heureuse idée de fonder une Société, ayant pour but de donner à domicile et gratuitement, tous les secours de la médecine aux indigents. Il en parla à M. Régny, trésorier de la Ville, et à Lacène, dont la bourse était toujours ouverte pour toutes les bonnes œuvres. MM. les docteurs Comarmond, Gubian, Jandard et Terme voulurent s'y adjoindre, et, au commencement du mois d'août, le dispensaire fut établi.

Les voyages de Lacène aux eaux d'Aix, voyages qu'il poussa jusqu'à Genève, le mirent en rapport avec des horticulteurs distingués, avec des naturalistes plus ou moins renommés, parmi lesquels MM. De Candolle, le comte de Loche et Huber, le célèbre historien des Abeilles. De là, datent ses goûts pour l'éducation de ces insectes. Il y vit une source de prospérité pour nos campagnes, et dès ce moment il se fit le *missionnaire* des Abeilles. « J'accepte, a-t-il dit (¹), cette quali-
« fication : cette mission pacifique ne sera le prétexte d'aucun
« trouble, d'aucune division, et n'élèvera, je l'espère, contre
« moi aucune récrimination, tout au plus dois-je m'attendre
« à quelques coups d'aiguillon. »

La mort de Camille Jordan, arrivée à Paris le 19 mai 1821, lui fit aussitôt prendre, avec son épouse, le chemin de la capitale, pour aller porter des consolations à la veuve du défunt. Durant son séjour dans cette reine du monde, il eut l'occasion d'y faire des connaissances variées. Dans les salons de M. Augustin Perrier, parent de son beau-frère Camille, il rencontrait les amis politiques de ce député du centre gauche ; chez M. Fiévée et dans quelques hôtels du faubourg Saint-Germain, il aimait à causer avec des personnes d'une opinion plus sympathique à la sienne. Ses goûts le portaient surtout à fréquenter les horticulteurs renommés, et, plusieurs fois, pendant les mois passés dans la capitale, MM. Soulange-

____

(¹) Mémoire sur les Abeilles, pag. 15.

Bodin (¹), Berlèse (²) et le jardinier en chef du Luxembourg reçurent ses visites intéressées. Il s'y lia avec M. Lombard (³), savant praticien, qui faisait un cours public d'apiculture. Il suivit ses leçons et avec un tel succès que le maître, forcé, un jour, de s'absenter, put se reposer sur lui pour le suppléer.

Quelque temps après son retour de la capitale, il présenta à la Société d'Agriculture de Lyon son Mémoire sur les abeilles, imprimé aux frais et par les soins de cette Compagnie (⁴). Ce travail, dans lequel sa modestie se plaisait à rendre à M. Lombard toute la part du mérite qui lui revenait, valut à l'auteur de nombreuses et unanimes félicitations (⁵). Lacène ne se contenta pas d'avoir traité l'histoire des abeilles avec autant de méthode que de clarté; il voulut concourir par d'autres moyens à la propagation de l'éducation de ces insectes, et, dans ce but, il offrit à la Société d'Agriculture une somme de cent francs, pour encourager ce genre d'industrie, presque inconnu alors dans notre département.

(¹) Soulange-Bodin (Etienne), fondateur et directeur de l'Institution Horticole de Fromont, à Ris (Seine-et-Oise), né en Touraine en 1774, mort à Fromont le 23 juillet 1846.

(²) Berlèse (l'abbé), à qui l'on doit une monographie du genre Camellia.

(³) Lombard (C. P.), procureur au parlement de Paris, avant la révolution, né en 1741, mort en 1824.

(⁴) Mémoires de la Société d'Agriculture, Histoire naturelle et Arts utiles de Lyon, du 1er avril 1821 au 1er avril 1822, *Lyon*, 1822, p. 145 à 224, fig.

(⁵) Une main restée inconnue à sa famille, lui envoya le billet suivant :

> O grand chancelier des abeilles,
> Du livre qui peint leurs merveilles,
> Je te rends grâce en *faux bourdon*.
> Je sens tout le prix de ce don,
> Puisqu'en retour de ton hommage,
> Ces charmantes filles du ciel
> Ont répandu dans ton ouvrage
> Toutes leurs fleurs et tout leur miel.

Les honneurs qu'il avait toujours fuis, vinrent bientôt, malgré lui, le mettre un peu en relief. La voix publique le désignait pour être le maire de la commune d'Ecully ; l'autorité, cédant à ce cri de l'opinion, l'appela à ces fonctions municipales, qu'il lui fut impossible de refuser. La mort récente de sa mère ne lui permit pas, dans le moment d'exprimer à ses administrés combien il était sensible aux témoignages de leur affection ; mais à l'expiration de son année de deuil, il leur donna une fête dont le souvenir n'est pas encore éteint.

Le 15 juin 1822, La Société Linéenne de Paris, qui venait de prendre naissance, lui envoyait le diplôme de membre correspondant. L'établissement de ce corps savant, destiné à propager le goût de l'histoire naturelle, donna à divers Lyonnais l'idée de créer dans notre ville une réunion ayant le même but. Lacène, avec son ardeur accoutumée, mit tout son zèle à faire germer cette pensée, et le 28 décembre suivant, il figurait au nombre des fondateurs (¹) de cette Compagnie.

Cependant sa dureté d'oreilles toujours croissante, lui rendant plus difficiles ses rapports avec son conseil et ses administrés, le porta, en 1828, à donner sa démission de maire. En vain, les instances les plus vives lui furent-elles faites ; en vain l'autorité voulut-elle le renommer, il persista dans sa détermination (²). Et quand le vent d'une révolution nouvelle emportait, quelque temps après, dans l'exil, la royale

---

(¹) Ces fondateurs furent : Madame Lortet, MM. Aunier, Balbis , Cap, Champagneux, Chancey, Deriard, docteur Dupasquier, Fauché, Filleux, Foudras, Grognier, Lacène, Madiot, de Martinel, l'abbé Pagès, Roffavier, Tabareau.

(²) En installant son successeur, M. Royé-Vial, il fit à son conseil des adieux dans lesquels se peignait sa modestie et toute la bonté de son cœur. « Avant
« de quitter le conseil municipal, que j'ai eu l'honneur de présider pendant

famille à laquelle il avait voué ses affections : « Ah ! dit-il, en se félicitant de la mesure qu'il avait prise, j'ai donné ma démission à temps ! »

Sa retraite des fonctions municipales le rendit à ses goûts favoris. Depuis plusieurs années (¹) il avait étudié les habitudes des Courtillières, insectes d'une vie souterraine, et essayé les divers moyens proposés pour la destruction de ces Orthoptères, qui causent à nos cultures des dommages souvent si considérables. En 1835, il présenta à la Société linnéenne un Mémoire sur ces insectes fouisseurs, et il fit les fonds d'un prix de six cents francs, qui devait être accordé, par cette Compagnie, à l'auteur d'un procédé pour la destruction de ces animaux nuisibles.

Le 7 avril 1837, il lut, à la Société d'Agriculture, une notice sur le marché aux fleurs de notre ville. Il rappelait ce qu'é-

---

« six ans, j'éprouve le bien vif désir de lui adresser encore quelques paroles.
« Ce sont les adieux d'un ami. Qu'il me soit permis de rappeler à mes chers
« collaborateurs les travaux auxquels nous avons été associés, de leur témoigner
« en même temps les sentiments d'attachement qu'ils m'ont inspirés et le regret
« bien amer de me séparer d'eux. Lorsque je fus appelé à la mairie d'Ecully,
« par le choix et la confiance de M. le préfet, j'hésitai longtemps à l'accepter ;
« les dispositions amicales des habitants de cette commune en ma faveur m'y
« déterminèrent par dessus tout. Si par la suite, j'ai pris un peu de confiance,
« je la puisais dans la bienveillance dont j'étais entouré, et dans votre attention
« délicate à me faire oublier une cruelle infirmité..... Je n'ai garde d'oublier
« ce que je dois à M. Chipier, mon adjoint ; vous avez pu, dans vingt circons-
« tances différentes, apprécier son intelligence et sa capacité..... »

Il énumère les travaux faits pendant son administration : les chemins réparés sur une longueur de plus de six mille mètres, et leur largeur portée de 8 ou 9 pieds à 14 ou 15. — Les opérations du cadastre terminées. — La reconstruction de l'église arrêtée d'après le plan le moins coûteux ; une imposition extraordinaire (de 12,000 fr., payables en cinq années), votée, et des souscriptions volontaires souscrites, etc. (Il est inutile d'ajouter qu'il avait été le premier à donner l'exemple de ces souscriptions.)

(¹) Voyez : Mémoires de la Société royale d'Agriculture, Histoire naturelle et Arts utiles de Lyon, 1825-1827, pag. 20.

tait, il y a quarante ans, ce marché sur lequel dix ou douze paysans, véritables planteurs de choux plutôt que jardiniers, apportaient quelques plantes vulgaires à un public indifférent. Cette notice était suivie de la proposition d'une exposition annuelle de fleurs dans notre ville.

La Société d'Agriculture en accueillant ce projet, était loin de soupçonner de quel succès serait couronnée cette tentative ; et quand, le 2 juin suivant, secondée par les propriétaires et les horticulteurs des environs, empressés de répondre à son appel, elle ouvrit sa première exposition dans l'orangerie du Jardin-des-Plantes, la nouveauté du spectacle y attira toute la ville. Les jours consacrés à la visite et à l'admiration de ces produits si variés des jardins et des serres, furent des jours de fête. Un air de bonheur et de satisfaction brillait sur tous les visages, à la vue de ces richesses végétales, dont la plupart des visiteurs ne soupçonnaient pas même l'existence. Lacène, avec sa modestie ordinaire, repoussait les félicitations dont il était l'objet ; mais son cœur convaincu du bien qu'il avait produit, dut éprouver dans ce triomphe une joie bien pure et bien douce : il venait en effet d'inspirer à la population lyonnaise le goût des fleurs, et de créer par conséquent pour les horticulteurs, auxquels il portait un si vif intérêt, une source de bien-être et même de fortune.

Le bruit de cette exposition eut au loin du retentissement, et entoura le nom de Lacène d'un nouveau lustre. La Société d'Horticulture de Paris lui conféra, le 25 mai 1838, le titre de correspondant.

Le succès toujours croissant des expositions suivantes, dues aux soins de notre Société d'Agriculture, inspirèrent l'idée de la création, à Lyon, d'une Société d'horticulture (¹). Lacène

____

(1) Cette société, fondée en 1843, a pour but l'amélioration, dans le département du Rhône, des pratiques et procédés de l'art horticole dans toutes ses

aurait, sans contredit, été appelé à la présider, si ses infirmités ne l'avaient forcément éloigné du fauteuil (¹).

Il voulut du moins par son zèle et son exemple répondre
au but de cette Société. Il redoubla de soins pour se pro-
curer les plantes les plus rares ou les plus brillantes. Il eut
bientôt la plus riche collection de camellias qui eut jamais été
vue dans nos environs (²).

Les richesses végétales du jardin de Lacène lui valurent,
aux diverses expositions, un certain nombre de prix; mais il

parties. Elle porte le titre de *Société d'Horticulture pratique du département du Rhône*. Ses statuts furent approuvés le 13 mai 1844, par M. Du-
châtel, alors ministre de l'intérieur, et dès lors elle fut constituée.

(¹) Cette compagnie choisit, pour diriger ses travaux, M. Menoux, conseiller
à la cour, l'un des hommes les plus dignes et les plus méritants de la ville.
Ce vieillard, qui m'honorait de son amitié, a eu, jusqu'à sa mort arrivée dans
la quatre-vingt-sixième année de son âge, le rare privilége de conserver sa
haute intelligence, son aménité et jusqu'à la fraîcheur de son imagination.
Quand il dut obéir au décret forçant à la retraite les magistrats arrivant
à la soixante et dixième année de leur vie, l'Académie des Sciences dont il
était le doyen, l'appela d'une voix unanime au fauteuil de la présidence, et
les Sociétés d'horticulture, d'éducation et littéraire, qu'il présidait déjà avec
tant de distinction, lui concédèrent à vie les fonctions dont elles l'avaient
investi, pour le consoler de la rigueur d'une mesure qui n'était pas faite
pour lui. — MM. Martin-Daussigny et Brun, chacun dans une notice,
et M. P. Sauzet dans une improvisation admirable, prononcée sur sa tombe
et reproduite par les journaux, ont dignement honoré la mémoire de cet
homme de bien.

(²) Une certaine année, au milieu de ces fleurs de toutes nuances qui don-
naient à ses serres un aspect enchanté, l'un des pieds étala une corolle offrant
d'une manière très-prononcée les trois couleurs de notre drapeau. Les amateurs
ne se lassaient pas d'admirer cette merveille. L'un d'eux félicitait chaude-
ment le propriétaire de la possession de ce trésor : sans doute cette fleur est
remarquable, lui dit ce dernier; mais, ajouta-t-il en riant, à coup sûr elle s'est
trompée d'adresse : comment a-t-elle fait de se loger chez un ami exclusif du
blanc ?

en reporta toujours sur son jardinier tous les honneurs et tous les avantages.

Notre ami, depuis plusieurs années, ne pouvait plus, en raison de son infirmité, prendre part aux séances de nos divers corps savants. Il voulut cependant encore, en décembre 1845, assister à la fête de famille qui nous réunit chaque hiver. Au dessert, au moment où la gaîté plus expansive peut faire excuser certaines excentricités, l'un de nous, dont la voix vibrante était alors d'une sonorité remarquable, se mit à entonner une chanson, avec une force de poumons capable d'assourdir les oreilles les moins délicates. Dès qu'il eut fini, Lacène vint lui serrer les mains : Ah! mon cher, lui dit-il, quel plaisir vous m'avez procuré ; il y avait plus de vingt ans que je n'avais entendu la romance ! Il rentra chez lui le cœur encore rempli de l'émotion qu'il avait éprouvée. Hélas! c'était la dernière jouissance qu'il devait avoir au milieu de nous !

On aime à se rappeler encore cet aimable et bon vieillard. Sa taille était moyenne, son corps assez svelte. Sur sa figure brillait une si vive expression d'affabilité, de douceur et d'honnêteté, que sans le connaître on se sentait attiré à lui par un charme irrésistible, et qu'après l'avoir connu, on aurait voulu être jugé digne de figurer au nombre de ses amis.

Nul ne fut plus philanthrope dans toute l'acception de ce mot; nul ne sentit plus que lui le feu de la charité, de cette vertu divine, sans laquelle toutes les autres ne sont rien. L'amélioration du sort de la classe indigente fut la préoccupation de toute sa vie : il ne pouvait voir des infortunés sans sentir ses yeux humides. Les pauvres honteux, les malheureux de tous genres, convaincus des bontés de son cœur, l'attendaient dans les lieux par lesquels il devait passer, bien certains qu'il laisserait tomber dans leurs mains une généreuse aumône. Les aveugles étaient surtout les objets particuliers de ses soins; il ne manquait jamais de leur offrir le secours

de son bras, quand il les trouvait exposés à des embarras ou
à des dangers.

Le 22 janvier 1847, il passa dans les rangs des vétérans
de la Société d'Agriculture. Mais en faisant ainsi ses adieux
à cette Compagnie, il voulut lui donner une nouvelle preuve
de son dévouement à ses intérêts ; il lui offrit une somme de
400 fr. destinée à être donnée en prix (¹) à l'auteur du meil-
leur mémoire sur une question d'agriculture ou d'histoire
naturelle, désignée par la Société.

A partir de 1849, il se met à tenir un journal quotidien
pour suppléer à l'infidélité de ses souvenirs. On voit, en
feuilletant ces pages, quel plaisir et quelle émotion lui cau-
saient encore la visite de ses amis, l'arrivée dans ses serres
d'une plante nouvelle pour son jardin, ou l'éclosion d'une
fleur dont il n'avait pas encore vu la corolle s'épanouir !

Ce journal eut peu d'années d'existence. Lacène voyait
s'avancer la vieillesse, et avec elle les infirmités ses tristes
compagnes. Toutes ses facultés allaient s'affaiblissant ; son
intelligence et sa raison durent même, sur la fin, éprouver
des éclipses passagères. Mais à mesure que son pied se rap-
prochait de la tombe, sa foi se ravivait, comme s'il entrevoyait
déjà le prix réservé à une vie toute employée à faire le bien.

Il avait fait placer dans diverses parties de sa chambre,
pour l'avoir souvent sous les yeux, le nom de M. le docteur
Perrin, son médecin ; et quand celui-ci venait lui rendre visite, il se prenait à lui baiser les mains : Ma mémoire, lui
disait-il, est assez ingrate pour ne pas me rappeler votre
nom ; mais mon cœur ne saurait jamais perdre le souvenir de

(¹) L'auteur auquel ce prix a été décerné est M. Drian, pour sa *Minéralogie
et pétralogie des environs de Lyon*, imprimée dans le tome XI des Annales de
la Société d'Agriculture, p. 205 et suiv. (Voyez Ann. de la Soc. d'Agr., t. X
(1847), p. II et LIV).

vos bontés. Ce cœur, en effet, si sensible et si aimant, resta, jusqu'à son dernier battement, ce qu'il avait été toute sa vie : fidèle à son Dieu, à son roi, à son épouse et à ses amis.

Il s'éteignit, le 14 avril 1859, dans la quatre-vingt-dixième année de son âge.

On a de lui :

1º Mémoire sur les Abeilles, et principalement sur la manière de faire des essaims artificiels, d'après la méthode de M. Lombard. *Lyon, Barret,* 1822 , in-8º de 84 p. , fig.

(Imprimé dans les Mémoires de la Société d'agriculture, histoire naturelle et arts utiles de Lyon , du 1er avril 1821 au 1er avril 1822, p. 145 à 224).

2º Mémoire sur les Courtillières. *Lyon, Louis Perrin,* 1835, in-8º de 15 p.

(Imprimé dans les Annales de la Société Linnéenne de Lyon , tome I, 1836).

3º Notice sur le marché aux fleurs de Lyon et sur les sociétés d'horticulture, suivie d'une proposition pour une exposition annuelle de fleurs dans cette ville. *Lyon, Barret,* 1837, in-8º de 40 p.

(Imprimé aux frais de la Société d'agriculture).

DESCRIPTION

D'UN

GENRE NOUVEAU DE LA FAMILLE DES ANOBIDES.

PAR

MM. E. MULSANT et Cl. REY.

(Présentée à la Société Linnéenne de Lyon , le .... 1860.)

Genre *Theca.*

(Etymologie , θηκη, étui, gaîne.)

CARACTÈRES. *Tête* transversale , infléchie , se logeant , par contraction, dans une large cavité sous-prothoracique. *Joues* séparées du front par un repli ou rainure sinueuse , bien marquée, partant du côté interne des yeux. *Chaperon* resserré par les dilatations internes des joues , légèrement échancré au sommet. *Mandibules* solides, larges, comprimées, trapézoïdales, terminées par deux fortes dents. *Palpes maxillaires* de trois articles : les deux premiers assez petits : le dernier grand, allongé, subsécuriforme. *Labre* très-petit, transversal, triangulaire. *Yeux* grands, arrondis, peu saillants, en partie voilés par le bord antérieur du prothorax.

Antennes de onze articles : le premier très-renflé , subovalaire, convexe en dessus, subconcave en dessous : le deuxième beaucoup plus grêle, oblong ; les troisième à sixième petits, serrés : les septième et huitième petits, prolongés en dedans en angle aigu : les trois derniers très-grands , allongés : les neuvième et dixième triangulaires, prolongés en dedans en dents de scie obtuses : le dernier elliptique.

Prothorax transversal, trapéziforme, plus étroit en avant, à côtés déclives d'arrière en avant; creusé en dessous, jusqu'à sa base, d'une large cavité semi-circulaire destinée à recevoir la tête.

Ecusson petit, semi-circulaire.

Elytres oblongues, assez convexes, arrondies en arrière; striées, fortement sinuées au milieu de leurs côtés, où l'arête se double et forme une petite rainure longitudinale, dans laquelle se logent et se meuvent les genoux des pieds postérieurs. *Lobe huméral* échancré pour recevoir les genoux des pieds intermédiaire.

Dessous du corps faiblement convexe. *Prosternum* nul, annihilé par le fait de l'échancrure du dessous du prothorax.

Mésosternum étroit, linéaire, anguleusement dilaté vers le milieu de ses côtés ainsi qu'à sa base. *Métasternum* court, transversal, très-large, creusé sur son milieu d'une profonde rainure longitudinale. *Epimères* du métasternum linéaires, un peu dilatées postérieurement. *Ventre* de c inq segments : le premier très-court, prolongé en devant en pointe aiguë entre les hanches postérieures.

Pieds assez courts, contractiles, se logeant dans des cavités sternales, destinées à les recevoir. *Hanches antérieures* presque contiguës, séparées par un faible intervalle vide. *Tarses* assez épais, de cinq articles : les intermédiaires courts, transversaux : les premier et cinquième plus longs.

Obs. Ce genre est très-voisin du *G. Dorcatoma*. Il en diffère par ses hanches antérieures plus développées, plus rapprochées l'une de l'autre, par son mésosternum étroit et non transversal, par son prosternum plus fortement canaliculé sur son milieu, par ses élytres striées sur tout leur disque, par le dernier article des palpes maxillaires plus sensiblement sécuriforme, et par les derniers articles des antennes plus allongés , moins anguleusement dilatés en dedans. Enfin le caractère de la fossette du repli des élytres, destinée à recevoir les genoux des pieds postérieurs, suffit à lui seul pour distinguer ce genre de tous ceux de la même famille.

1. Theca byrrhoïdes.

Oblongo-ovalis, convexa, subnitida, densius albido-griseo-hirta, nigro-brunnea, palpis antennisque testaceis, harum articulo primo, capite pedibusque rufo-ferrugineis; capite pronotoque densè subtiliter punctulatis, et prætereà sparsim grossè punctato-impressis. Elytris tenuiter striato-punctatis, interstitiis planis, subtilissimè coriaceis. Pronoto transverso, apice angustiore.

Long. 0,0023; larg. 0,0014.

Corps ovale-oblong, peu brillant, brunâtre, hérissé d'une pubescence blanchâtre, assez longue et assez épaisse, çà et là redressée.

Tête transversale, infléchie, de moitié plus étroite que le prothorax; hérissée de poils fins, blanchâtres; peu brillante; d'un roux ferrugineux avec le chaperon plus obscur; très-finement et densement ponctuée, comme chagrinée, et marquée en outre de quelques points épars, plus grossiers, quelquefois convertis en papilles affaiblies. *Front* faiblement convexe, séparé des joues par un repli ou rainure sinueuse, partant du bord interne de l'œil pour se rendre à l'angle interne des mandibules. *Epistome* creusé de rides longitudinales, courtes, faibles et sinueuses. *Labre* transversal, petit, triangulaire, finement rugueux. *Mandibules* déprimées, finement chagrinées, obscures, avec les dents du sommet lisses et brillantes. *Palpes* testacés. *Yeux* grands, arrondis, noirs.

Antennes de la longueur de la moitié du corps; très-brièvement pubescentes et ciliées en outre en dedans de quelques poils assez longs et droits; testacées, avec le premier article ferrugineux : celui-ci épaissi; le deuxième, beaucoup plus grêle, ovalaire : les troisième à sixième petits et assez serrés : le septième faiblement, le huitième pl us fortement prolongés en dedans à angle aigu : les neuvième à onzième grands, oblongs, subégaux : les neuvième et dixième prolongés en dedans en dents de scie très-obtuses : le dernier elliptique.

Prothorax transversal, près d'une moitié plus étroit en avant qu'en arrière; assez convexe; faiblement arrondi au bord antérieur qui s'avance un peu sur le vertex en forme de capuchon; légèrement bissinué à la base; à côtés déclives d'arrière en avant, avec les angles antérieurs très-infléchis et aigus, et les postérieurs très-obtus, un peu relevés ; d'un noir brunâtre assez brillant, avec le bord ant érieur quelquefois un peu roussâtre; hérissé de poils fins et blanchâtres; très-finement et densement ponctué, et creusé en outre de points plus grossiers, à fond plat, épars, mais plus serrés et comme rugueux sur les côtés.

Ecusson déprimé, finement chagriné, noir.

Elytres oblongues, à peine plus larges à leur base que la base du prothorax, trois fois plus longues que celui-ci ; subparallèles sur les côtés jusqu'à la moitié de leur longueur, après laquelle elles se dilatent un peu et puis se rétrécissent d'une manière arquée jusqu'au sommet où elles sont largement arrondies; convexes; d'un noir brunâtre assez brillant; hérissées d'assez longs poils blanchâtres, fins, en partie couchés et en partie redressés ; marquées chacune de dix stries canaliculées, fines, assez lâchement ponctuées, et d'une onzième strie rudimentaire, oblique, juxta-scutellaire : les suturale et externe postérieurement réunies et enclosant les deuxième et neuvième qui sont aussi réunies en arrière; les troisième et quatrième se réunissant postérieurement bien avant l'extrémité ; les cinquième et huitième encore plus raccourcies, réunies postérieurement et enclosant les sixième et septiène qui sont aussi réunies en arrière. *Intervalles* plans , assez larges, finement chagrinés. *Calus huméral* saillant, gibbeux, un peu roussâtre.

Dessous du corps assez convexe, d'un brun un peu ferrugineux, finement pubescent; assez grossièrement et assez densement ponctué, avec le milieu du mésosternum plus lisse.

Pieds assez courts, finement pubescents, d'un roux ferrugineux. *Tibias* finement ciliés et faiblement arqués à leur tranche externe. *Tarses* assez forts, ciliés en dehors de poils assez courts et raides.

PATRIE. Ile de Porquerolle, en battant les pins. Juin. La même espèce a aussi été capturée aux environs d'Hyères par M. Raymond.

2. Theca elongata.

Elongata, leviter convexa, nitidula, densiùs albido-pubescens, obscurè ferruginea, antennis flavis, articulo primo pedibusque rufis, oculis solis nigris. Capite densiùs, pronoto sparsim rugoso-punctatis. Elytris striato-punctatis, interstitiis leviter convexis, subtiliter rugulosis. Pronoto leviter transverso, apice paulò angustiore.

Long. 0,002 . Larg. 0,0008.

Corps allongé, assez brillant, d'un ferrugineux plus ou moins obscur; couvert d'une pubescence blanchâtre, assez longue et couchée.

Tête transversale, infléchie, un peu plus étroite que le prothorax; revêtue d'une pubescence blanchâtre, assez longue, dirigée en avant; assez grossièrement et densement ponctuée; ferrugineuse, avec le chaperon rembruni. *Front* très-faiblement convexe. *Epistome* cilié en devant d'assez longs poils blanchâtres, qui voilent le labre et les mandibules : celles-ci d'un ferrugineux obscur. *Palpes* pâles. *Yeux* grands, arrondis, noirâtres.

Antennes un peu plus courtes que la moitié de la longueur

du corps; très-finement pubescentes, et ciliées, en outre, en
dedans de quelques poils assez longs; d'un flave testacé, avec
le premier article roussâtre : celui-ci épaissi; le deuxième
beaucoup plus grêle, brièvement ovalaire; les troisième à
sixième petits et assez serrés; le septième légèrement, le huitième plus fortement prolongés en dedans à angle aigu; les
neuvième à onzième grands, subégaux; les neuvième et
dixième prolongés en dedans en dents de scie obtuses; le
dernier elliptique.

Prothorax légèrement transversal, presque aussi long sur
son milieu que large à sa base; un peu plus étroit en avant
qu'en arrière; légèrement convexe; très-faiblement arrondi
au milieu de son bord antérieur qui s'avance un peu sur le
vertex en forme de capuchon; très-légèrement bissinué à la
base; à bords latéraux déclives d'arrière en avant, avec les
angles antérieurs très-infléchis, aigus et arrondis au sommet,
et les postérieurs obtus et fortement réfléchis supérieurement;
d'un ferrugineux brillant, assez clair, avec le milieu un peu
plus obscur; marqué surtout sur les côtés de points épars,
circulaires, assez grossiers, à fond plat; revêtu d'une pubescence fine, blanchâtre, assez longue, dirigée en avant et un
peu obliquement en dehors, assez dense sur les côtés et beaucoup plus rare sur le milieu du disque.

Ecusson déprimé, finement rugueux, d'un brun ferrugineux
assez brillant.

Elytres allongées, aussi larges à leur base que la base du
prothorax; trois fois plus longues que celui-ci; subparal
lèles sur leurs côtés jusqu'aux trois quarts de leur longueur,
après lesquels elles se rétrécissent d'une manière arquée jusqu'au sommet qui est fortement arrondi; faiblement convexes; d'un ferrugineux assez obscur et assez brillant; revêtues d'une pubescence blanchâtre, assez serrée, subsériale-
ment disposée, couchée et dirigée en arrière; marquées

chacune de dix stries ponctuées, et d'une onzième rudimentaire, oblique, juxtascutellaire; les suturale et externe postérieurement réunies et enclosant la deuxième et la neuvième
aussi réunies en arrière; les troisième et quatrième se réunissant postérieurement bien avant le sommet; les cinquième
et huitième raccourcies, réunies postérieurement et enclosant
les sixième et septième qui sont aussi réunies en arrière.
Intervalles peu larges, faiblement convexes, légèrement rugueux. *Calus huméral* saillant, arrondi, gibbeux.

Dessous du corps assez convexe; finement pubescent; ferrugineux; rugueusement ponctué.

Pieds assez courts; pubescents; d'un roux ferrugineux assez
clair. *Tarses* assez épais.

PATRIE : Cette espèce a été découverte a Saint-Raphaël par
M. Raymond, et nous a été communiquée par M. Godart.

Obs. Elle diffère de la précédente par sa forme plus allongée, par sa pubescence plus couchée, et par les intervalles
des stries plus étroits et légèrement convexes.

DESCRIPTION

DE QUELQUES

COLÉOPTÈRES NOUVEAUX OU PEU CONNUS.

PAR

MM. E. MULSANT et Cl. REY.

(Présentée à la Société Linnéenne de Lyon, le .... 1860.)

Amara ovalis.

Ovalis, leviter convexa, nitidula, nigro-aenea, antennarum articulo primo rufo-testaceo, tibiis tarsisque nigro-brunneis. Pronoto brevi, medio sulcato, basi utrinque leviter rugoso-bi-impresso, angulis posticis acutis. Elytris striatis, striis sublaevibus, apice profundioribus.

Long. 0,006. Larg. 0,003.

♂ *Elytres* brillantes. *Les trois premiers articles des tarses antérieurs* fortement dilatés, garnis en dessous d'une brosse de poils serrés.

♀ *Elytres* beaucoup moins brillantes. *Les trois premiers articles des tarses antérieurs* non dilatés, triangulaires, seulement ciliés sur les bords de quelques poils courts et raides.

Corps ovalaire, légèrement convexe, glabre, d'un noir assez brillant et un peu bronzé.

Tête peu allongée, près d'une moitié plus étroite que le prothorax; non rétrécie derrière les yeux, sensiblement rétrécie en avant; d'un noir légèrement bronzé et assez brillant; très-finement chagrinée et marquée entre les yeux de deux impressions peu profondes et réunies antérieurement par une strie transversale plus ou moins obsolète. *Front* faiblement, *vertex* assez fortement convexes. *Labre* transversal, convexe, très-finement chagriné; d'un noir légèrement bronzé; cilié au sommet de longs poils jaunâtres et raides. *Mandibules* et *palpes* d'un brun de poix. *Yeux* arrondis, peu saillants, brunâtres.

Antennes à peine de la longueur de la tête et du prothorax réunis; pubescentes, brunâtres, avec le premier article et quelquefois la base des deuxième et troisième d'un roux testacé : le premier oblong, assez épais : le deuxième beaucoup plus grêle, oblong, obconique : les troisième et quatrième passablement allongés : le quatrième un peu plus court que le précédent : les cinquième à dixième oblongs, subégaux, obconiques : le dernier allongé, fusiforme, acuminé au sommet.

Prothorax transversal, de la largeur des élytres à sa base, d'un tiers moins long que large; rétréci en avant; finement rebordé sur les côtés et à la base, avec le rebord de celle-ci souvent interrompu au milieu; largement et faiblement échancré au sommet, bissinué à la base, légèrement arrondi sur les côtés, avec les angles antérieurs peu saillants, émoussés, obtus, et les postérieurs aigus, sensiblement prolongés en arrière; faiblement convexe; d'un noir bronzé obscur, assez brillant; très-finement chagriné; creusé au milieu d'un sillon longitudinal, raccourci en avant et en arrière, et plus ou moins sensiblement ridé sur ses bords; marqué, de chaque côté de la base, de deux impressions assez larges, peu profondes, rugueusement ponctuées, avec le milieu de la base ou l'intervalle entre les deux impressions internes paré de rides longitudinales plus ou moins obsolètes.

Ecusson large, en cœur transversal; presque lisse; d'un noir bronzé obscur, brillant.

Elytres ovalaires; deux fois et demie plus longues que le prothorax; extérieurement rebordées; bissinuées à la base, faiblement arrondies sur les côtés, assez brusquement rétrécies à partir du dernier tiers; postérieurement sinuées et obtusément acuminées au sommet; légèrement convexes; d'un noir bronzé plus ou moins obscur et assez brillant; creusées à la base d'une strie transversale et faiblement bis-sinueuse, et sur le disque de neuf stries longitudinales, lisses ou imperceptiblement ponctuées, beaucoup plus profondes à l'extrémité, et en outre d'une strie rudimentaire, située entre la première et la deuxième; la suturale sinueuse et recourbée en dehors à sa base, prolongée jusqu'à l'angle apical où elle semble tendre à se réunir à la deuxième; les deuxième à septième plus ou moins recourbées en dedans à leur base; la troisième réunie postérieurement à la quatrième un peu avant le sommet; la cinquième réunie postérieurement à la sixième bien avant l'extrémité; la septième prolongée jusque près de l'angle apical, notée en arrière de deux gros points enfoncés; la huitième prolongée jusqu'au delà du sinus apical, parée de douze à quatorze gros points enfoncés; la neuvième située tout près du rebord latéral avec lequel elle se confond en avant derrière les épaules, et prolongée en arrière jusqu'au sinus apical. *Calus huméral* peu marqué, presque nul.

Dessous du corps faiblement convexe; d'un noir assez brillant, presque lisse, avec quelques rides plus ou moins obsolètes sur les côtés des premiers segments ventraux. Le dernier de ceux-ci marqué à son extrémité de deux ($\male$) et quelquefois de quatre ($\female$) points enfoncés, transversalement disposés.

Pieds peu allongés, d'un brun de poix, avec les trochanters, les tibias et les tarses d'un brun ferrugineux. *Cuisses* sensiblement renflées et latéralement comprimées. *Tibias intermédiaires et postérieurs* légèrement arqués, hispides sur leurs arêtes, *les antérieurs* triangulairement élargis à leur extrémité. *Tarses* un peu moins longs que les tibias.

PATRIE : Grande-Chartreuse, Mont-Pilat, Bugey. Juin, juillet. Assez rare.

Obs. Cette espèce ne diffère de l'*Amara vulgaris*, LINN.
que par sa taille moindre, par sa forme plus ovalaire, par
ses antennes plus courtes, et surtout par les impressions de
la base du prothorax plus larges et rugueusement ponctuées.

Acupalpus notatus.

*Subelongatus, leviter convexus, nitidulus, glaber, piceus ; prono to
rufo, disco suprà infuscato ; antennarum basi pedibusque pallidis ; elytris
testaceis, disco maculá oblongá piceá notatis. Pronoto subquadrato, pos-
ticè paulò angustiore, medio caniculato, basi utrinque impresso puncta-
toque. Antennis elongatis.*

Long. : 0,003 à 0,004. Larg. : 0,0015.

♂ *Les quatre premiers articles des tarses antérieurs* légèrement dilatés.

♀ *Les quatre premiers articles des tarses antérieurs* triangulaires, non dilatés.

Corps assez allongé, légèrement convexe, lisse, glabre,
assez brillant.

Tête subtriangulaire, à peine rétrécie en arrière ; d'un
quart moins large que le prothorax ; assez convexe ; d'un
noir de poix, avec le bord apical plus clair ; lisse, assez brillante ; marquée, entre les antennes, de deux impressions
obliques, quelquefois réunies antérieurement par une petite
strie transversale, obsolète. *Labre* transversal ; d'un roux brunâtre. *Mandibules* saillantes ; ferrugineuses, avec l'extrémité
rembrunie. *Palpes* d'un testacé assez pâle. *Yeux* grands ; subarrondis ; médiocrement saillants ; noirs.

Antennes finement pubescentes ; aussi longues que la moitié du corps ; d'un roux brunâtre, avec les deux premiers

articles pâles. Le premier article allongé, un peu épaissi :
les deuxième et troisième plus grêles, oblongs, obconiques :
le troisième un peu plus long que le deuxième : le quatrième
obconique, de la longueur du précédent, mais plus épais :
les cinquième à dixième oblongs, subégaux, subcylindriques,
de l'épaisseur du quatrième : le dernier allongé, un peu plus
long que le précédent, obtusément acuminé au sommet.

Prothorax presque carré, un peu moins long que large ;
faiblement rétréci en arrière ; sensiblement plus étroit que
les élytres ; tronqué à la base et au sommet ; légèrement arrondi antérieurement sur les côtés : ceux-ci presque rectilignes, mais obliques, à partir du milieu jusqu'aux angles postérieurs qui sont obtus et légèrement arrondis ; les antérieurs
obtus, peu saillants ; faiblement convexe ; finement rebordé
sur les côtés ; d'un roux testacé brillant, avec le disque orné
d'une large tache obscure, ne laissant quelquefois que les
bords latéraux rougeâtres ; lisse ; finement canaliculé au milieu ; marqué antérieurement d'un faible sillon transversal
en forme de chevron très-ouvert, dont l'ouverture est en
avant, et creusé, de chaque côté, à la base, d'une impression
peu profonde, dont le fond est couvert d'une ponctuation
bien distincte qui s'étend jusqu'aux angles postérieurs.

Ecusson subcordiforme, très-finement chagriné, peu brillant, brunâtre.

Elytres oblongues, trois fois et demie plus longues que le
prothorax ; simultanément échancrées à la base ; individuellement sinuées vers leur extrémité ; subparallèles jusqu'aux
deux tiers de leur longueur, après lesquels elles s'arrondissent jusqu'au sommet, qui est obtusément acuminé ; faiblement convexes ; d'un testacé brillant, avec une grande tache
obscure, oblongue, occupant la partie postérieure du disque,
rapprochée de la suture, dont elle n'est séparée que de l'espace d'un intervalle ; creusées de huit stries lisses, bien mar-

quées, et d'un commencement de strie entre la première et
la deuxième : les septième et huitième raccourcies ou effacées
en avant : celle-ci parée d'une série de gros points enfoncés,
plus ou moins interrompue au milieu. *Calus huméral* subdéprimé, peu marqué.

Dessous du corps faiblement convexe; presque lisse, avec
les côtés des premiers segments ventraux très-finement chagrinés; d'un noir de poix brillant, avec le dessous de la tête
et du prothorax et l'extrémité du ventre d'un rougeâtre plus
ou moins clair.

Pieds médiocrement allongés ; d'un testacé pâle. *Cuisses*
passablement épaissies et latéralement comprimées. *Tibias
antérieurs* triangulairement élargis à leur extrémité, et fortement entaillés en dessous avant leur sommet; *les intermédiaires* et *postérieurs* ciliés sur leurs arêtes de poils hispides.
Tarses plus longs que la moitié des tibias.

PATRIE : Hyères. Avril, mai. Parmi les débris végétaux flot-
tant sur l'eau des marais saumâtres.

Obs. Cette espèce, très-voisine de l'*Ac. dorsalis*, GYL.,
semble être intermédiaire entre celui-ci et l'*Ac. exiguus*, DEJ.
Elle a la forme allongée de l'*Ac. conspectus*, DUFT., mais elle
n'en a nullement le prothorax. Elle diffère de l'*Ac. dorsalis*
par son prothorax beaucoup plus étroit, à angles postérieurs
moins largement arrondis; de l'*Ac. exiguus*, par sa taille
beaucoup plus grande, par son prothorax non relevé aux angles postérieurs, à impressions moins profondes , mais plus
ponctuées.

Hydroporus longulus.

*Oblongus, leviter convexus, subnitidus, parce subtilissimè griseo pubes-
cens, vertice , antennis pedibusque rufo-testaceis. Capite parcé subtiliter ,
pronoto dorso parcè, lateribus densiùs , elytris sparsìm fortiùs , punctatis ;
his prætereà punctis majoribus serialis, bi-impressis.*

Long. 0,0030. Larg. 0,0014.

Corps oblong, subparallèle ; d'un noir de poix assez brillant ; revêtu d'une pubescence grisâtre très-fine et peu serrée.

Tête transversale ; largement arrondie en avant ; d'un tiers plus étroite que le prothorax ; subdéprimée ; glabre ; d'un noir de poix peu brillant, avec le vertex ferrugineux dans presque toute sa largeur ; très-finement chagrinée, marquée en outre d'une ponctuation fine et peu serrée, et creusée en avant de deux impressions arrondies, assez larges. *Labre* convexe, d'un brun ferrugineux, fortement échancré. *Palpes* d'un roux testacé. *Yeux* grands, noirs, subdéprimés, anguleux à leur côté interne et obsolètement réticulés en dessus, arrondis à leur bord inférieur et fortement réticulés en dessous.

Prothorax transversal, très-court, près de trois fois moins long que large ; presque aussi large à sa base que la base des élytres ; à côtés formant avec ceux des élytres un angle obtus très-ouvert ; largement et sinueusement échancré au sommet ; fortement bissinué à la base, avec le lobe médian sensiblement prolongé en arrière et arrondi ; finement rebordé sur les côtés, qui sont faiblement arrondis, avec les angles antérieurs saillants et aigus, et les postérieurs droits ; faiblement convexe ; très-finement pubescent sur les côtés, d'un noir de poix assez brillant ; très-finement chagriné, et en outre marqué d'une ponctuation très-fine et éparse sur le disque, plus forte et assez serrée sur les côtés, en avant et en arrière ; creusé de chaque côté de la base d'une impression transversale obsolète, souvent seulement apparente près des angles postérieurs.

Ecusson invisible, logé sous le prolongement du lobe médian du prothorax.

Elytres allongées, cinq fois plus longues que le prothorax ; finement rebordées extérieurement ; sinuées à la base ; obtusément acuminées au sommet ; très-faiblement arrondies ou subparallèles sur les côtés jusqu'après leur milieu, à partir duquel elles se rétrécissent d'une manière arquée jusqu'à l'extrémité; faiblement convexes; couvertes d'une pubescence fine, grisâtre et peu serrée; d'un noir de poix assez brillant, avec le rebord latéral un peu roussâtre à sa dernière moitié; très-finement chagrinées, marquées en outre d'une ponctuation assez forte, mais peu serrée, et parées chacune de deux séries de gros points enfoncés, assez distincts. *Calus huméral* subdéprimé, peu marqué.

Dessous du corps faiblement convexe; d'un noir de poix brillant; couvert d'une ponctuation peu serrée, assez forte et grossière sur les côtés de la poitrine et du premier segment ventral, fine sur le reste du ventre.

Pieds assez courts, d'un rouge testacé. *Cuisses* assez épaisses, latéralement comprimées. *Tibias* allant en s'élargissant vers leur extrémité, ciliés à leur arête externe. *Tarses postérieurs* grêles, plus longs que les tibias.

Patrie: Mont-Dore, montagnes du Lyonnais, du Dauphiné et de la Provence. Dans les eaux vives.

Obs. Cette espèce est bien voisine de l'*Hydr. nigrita*, F.; mais elle est un peu plus grande, plus allongée, plus brillante. Ses élytres sont moins courtes, moins arrondies sur les côtés, presque parallèles, surtout chez les individus de la Provence.

Hydroporus ignotus.

Elongatus, subdepressus, nitidulus, parce griseo-pubescens, nigro-piceus, antennarum basi, pedibus, pronotique lateribus rufo-testaceis. Elytris, margine exteriore, maculá anticá marginali, duabus posticis submarginalibus, duabus oblongis anticis dorsalibus, testaceis. Pronoto utrinque breviter unistriato.

Long. 0,0024; larg. 0,001.

Corps allongé, subdéprimé, assez brillant, couvert d'une pubescence fine, grisâtre, peu serrée.

Tête transversale, largement arrondie en avant; d'un quart plus étroite que le prothorax; faiblement convexe; glabre; d'un noir de poix peu brillant, avec le bord apical roussâtre; très-finement chagrinée, couverte en outre d'une ponctuation fine et éparse, et creusée en devant de deux impressions ovales, peu profondes, à fond finement rugueux. *Labre* et *palpes* d'un roux testacé, avec le dernier article des *maxillaires* rembruni. *Yeux* très-grands, noirs, subdéprimés, obtusément anguleux supérieurement à leur arête interne.

Prothorax court, transversal, trois fois moins long que large; presque aussi large à sa base que la base des élytres; largement échancré au sommet; bissinué à la base, avec le lobe médian peu prolongé en arrière, largement arrondi; finement rebordé latéralement; à angles antérieurs très-saillants et aigus, les postérieurs un peu obtus; faiblement arrondi sur les côtés, qui forment avec ceux des élytres un angle obtus très-ouvert, mais assez sensible; très-peu convexe; peu pubescent; d'un noir de poix assez brillant, avec les bords latéraux largement rougeâtres; très-finement chagriné; couvert en outre d'une ponctuation très-fine et peu serrée; paré vers le sommet et vers la base d'une série transversale de petits points enfoncés plus distincts; creusé de chaque côté d'une petite strie longitudinale, raccourcie en avant et en arrière, et limitant la bordure rougeâtre.

Ecusson non apparent, recouvert par le lobe médian du prothorax.

Elytres allongées, près de cinq fois aussi longues que le prothorax; faiblement bissinuées à la base; légèrement arrondies et finement rebordées sur les côtés; rétrécies en arrière à partir du milieu jusqu'à l'extrémité qui est obtusément arrondie; très-faiblement convexes; finement pu-

bescentes; couvertes d'une ponctuation très-fine et passablement serrée; parées chacune en outre de deux séries longitudinales obsolètes de points enfoncés, un peu plus forts; d'un
noir de poix assez brillant, avec les bords latéraux et cinq
taches d'un testacé assez pâle : les trois premières situées
transversalement vers le tiers antérieur : l'externe, marginale,
grande, irrégulière : la seconde grande, allongée, longitudinale, quelquefois extérieurement réunie à la précédente par
un trait de même couleur : la troisième petite, oblongue,
longitudinale, située non loin de la suture : la quatrième
grande, en croissant, submarginale, placée vers les deux
tiers de la longueur : la cinquième de même forme que la
précédente, mais un peu plus petite, également submarginale, réunie extérieurement à la précédente, séparée ainsi
que celle-ci par un trait noir de la bordure marginale : celle-ci
n'atteignant ni l'angle huméral, ni l'angle apical. *Calus huméral* peu saillant, subdéprimé.

Dessous du corps peu convexe; obsolètement et rugueusement ponctué; d'un noir de poix brillant, avec le dessous de
la tête et du prothorax et la partie réfléchie des élytres d'un
roux ferrngineux.

Pieds assez courts, rougeâtres. *Cuisses* assez épaisses, latéralement comprimées. *Tibias* médiocrement élargis depuis
leur base; ciliés en dehors. *Tarses postérieurs* très-allongés.

Patrie. Environs de Lyon. Très-rare. Dans les eaux de
l'Izeron et du Garon.

Obs. Cette espèce se distingue de l'*Hydr. varius* Aubé,
par sa forme beaucoup plus allongée et plus déprimée, par
sa ponctuation un peu plus serrée, et par l'angle rentrant,
formé par la rencontre des côtés du prothorax avec ceux
des élytres, beaucoup plus senti.

Ochthebius subinteger.

Elongatus, leviter convexus, nitidulus, sat crebre rugoso-punctatus, obscuro-œneus, antennarum basi pedibusque piceo-ferrugineis. Capite medio transversim sulcato, postice bifoveolato. Labro subintegro. Pronoto transversim subquadrato, paulo ante basim abrupte constricto, medio obsolete, lateribus fortiter sulcato. Elytris punctato-striatis.

Long. 0,0018 ; larg. 0,0006.

Corps allongé, légèrement convexe, assez brillant, rugueusement ponctué, d'un bronzé obscur.

Tête en cône tronqué, un peu plus large que le prothorax, rétrécie en avant; subdéprimée ; d'un bronzé obscur et assez brillant; rugueusement ponctuée ; marquée entre les yeux de deux fortes fossettes, assez larges, arrondies. *Epistome* grand, transversal; rugueusement ponctué; obtusément tronqué au sommet ; largement arrondi aux angles antérieurs ; séparé du front par un sillon transversal, en forme de chevron largement ouvert en avant. *Labre* grand, transversal, très-faiblement arrondi sur les côtés ; d'un bronzé obscur; obsolètement ponctué; brillant; très-faiblement. échancré ou sinué au sommet. *Mandibules* et *palpes* d'une couleur de poix, tirant plus ou moins sur le testacé. *Yeux* grands, arrondis, très-saillants, brunâtres.

Antennes courtes, à peine plus longues que la tête ; d'une couleur de poix plus ou moins testacée, avec la massue obscure. Le premier article très-grand, le deuxième beaucoup moins long, les intermédiaires très-petits et très-serrés, la massue allongée.

Prothorax en carré transversal, un peu moins long que large, sensiblement plus étroit que les élytres; obtusément tronqué au sommet et à la base; légèrement arrondi sur les côtés, avec les angles antérieurs peu saillants, légèrement arrondis, et les postérieurs obtus; brusquement rétréci à angle droit et comme entaillé sur ses côtés un peu avant la base : l'entaille profonde, remplie par une petite membrane blanchâtre dont l'arête externe simule et continue exactement l'arc des bords latéraux; faiblement convexe; rugueusement ponctué; à surface inégale, onduleuse; d'un bronzé obscur, assez brillant; creusé sur son milieu d'un sillon longitudinal plus ou moins obsolète, et sur les côtés d'un sillon longitudinal très-prononcé, arqué, naissant derrière le bord interne des yeux, prolongé en arrière, en se recourbant en dehors; jusqu'au rétrécissement des côtés, et retranchant du reste de la surface comme une large oreillette qui occupe tout l'angle antérieur.

Ecusson très-petit, à peine visible.

Elytres allongées, trois fois aussi longues que le prothorax; tronquées à la base; fortement arrondies au sommet; très-faiblement arrondies ou subparallèles sur les côtés, qui sont étroitement rebordés, avec le rebord s'effaçant vers l'extrémité; légèrement convexes; d'un bronzé obscur assez brillant; parées de séries nombreuses de points enfoncés assez forts, en carré long, avec les intervalles finement et obsolètement rugueux.

Dessous du corps faiblement convexe, peu brillant, obscur, finement pubescent.

Pieds grêles, d'une couleur de poix tirant un peu sur le testacé. *Cuisses* peu renflées.

Patrie. Marseille. Rare. Contre les roches dans l'eau de la mer.

Obs. Cette espèce, avec le facies de l'*Octh. quadricollis*, Muls., s'en distingue aisément par le rétrécissement de son prothorax, par sa ponctuation rugueuse, assez forte et assez serrée, et surtout par son labre presque entier, au lieu d'être distinctement entaillé.

Limnebius sericaus.

Oblongo-ovatus, modice convexus, nitidus, longius sericeo-cinereo-pu-
bescens, sublœvis, pronoti elytrorumque lateribus, palpis, antennis pedi-
busque piceo-testaceis. Pronoto brevi, lateribus leviter rotundato, angulis
posticis subobtusis ; elytris pronoto triplo longioribus, postice paulo
angustioribus, apice obtuse truncatis, obsoletissime sparsim punctulatis ;
humeris pronoti latera superantibus.

Long. 0,0012 ; larg. 0,0005.

Corps oblong ; assez convexe ; brillant ; garni de poils cendrés, assez longs, très-fins, soyeux.

Tête transversale, triangulaire, tronquée en devant ; d'une
moitié plns étroite que la base du prothorax ; faiblement
convexe ; presque glabre ; lisse ou très-obsolètement pointillée ;
d'un noir de poix brillant. *Epistome* très-faiblement échancré,
beaucoup plus grand que le front, dont il est séparé par une
suture arquée, à peine sensible. *Labre* très-court, transversal, d'un noir brillant, cilié de quelques longs poils à son
sommet. *Yeux* grands, déprimés, brunâtres. *Palpes maxillaires* testacés.

Antennes un peu plus longues que la tête, d'un testacé
de poix assez pâle, avec la massue un peu rembrunie et
pubescente.

Prothorax transversal, un peu plus large antérieurement
que la tête et les yeux réunis ; assez fortement et bissinueusement échancré au sommet, très-faiblement et d'une manière arquée à la base ; presque aussi large à celle-ci que les
élytres ; d'un tiers plus étroit en avant qu'en arrière ; une
fois moins long que large ; étroitement rebordé et légèrement
arrondi sur les côtés, avec les angles antérieurs largement
arrondis, et les postérieurs obtus, légèrement arrondis au
sommet ; assez convexe ; presque lisse ; rêvetu d'une pu-

bescence très-fine, cendrée, soyeuse et couchée; d'un noir de poix brillant, avec les bords latéraux largement et graduellement d'une couleur de poix plus ou moins testacée.

Ecusson en triangle légèrement transversal, lisse ou presque lisse, d'un noir de poix brillant.

Elytres oblongues; un peu plus larges à leur base que le prothorax, trois fois plus longues que celui-ci; obtusément tronquées à la base; à peine élargies à leur tiers antérieur, après lequel elles se rétrécissent presque en ligne droite jusqu'à l'angle postéro-externe, qui est largement arrondi; munies latéralement d'un rebord qui s'efface un peu avant l'extrémité; obtusément tronquées au sommet, avec l'angle sutural obtus, légèrement arrondi; médiocrement convexes; revêtues d'une pubescence grisâtre, fine, soyeuse, assez longue; marquées d'une ponctuation obsolète, presque imperceptible, éparse, un peu plus visible en arrière; d'un noir de poix brillant, avec toute la marge extérieure graduellement et assez largement d'une couleur de poix plus ou moins testacée. *Calus huméral* peu saillant. *Angle huméral* débordant un peu l'angle postérieur du prothorax.

Dessous du corps peu convexe, d'un noir de poix, avec les parties réfléchies du prothorax et des élytres, pâles. *Ventre* avec les cinq premiers segments densement et finement ponctués, brièvement pubescents, et les deux derniers lisses, très-brillants, glabres.

Pieds courts, d'un roux de poix testacé. *Cuisses* assez épaisses, latéralement comprimées; les intermédiaires présentant à leur surface antérieure deux séries de points enfoncés bien distincts. *Tibias* ciliés en dehors. *Tarses* grêles.

Patrie. Grande Chartreuse, collines et montagnes du Lyonnais. Dans les eaux froides.

Obs. Cette espèce, intermédiaire entre les *L. papposus*, Muls., et *atomus*, Duft., est beaucoup plus petite que le

premier et plus grande que le dernier. Elle se distingue de
tous ses congénères par ses élytres moins rectilinéairement
tronquées, à angle sutural légèrement arrondi, et par la
couleur de ses cuisses qui n'est jamais rembrunie, même
chez les exemplaires les plus foncés en couleur.

Var. — Le prothorax et les élytres sont quelquefois entièrement d'un brun de poix plus ou moins fauve.

Laccobius pallidus.

*Obovatus, convexus, parum nitidus, fere glaber, dense punctatus,
infra niger, supra pallidus, pronoti disco, scutello capiteque nigro-vio-
laceis; clypei lateribus pedibusque pallidis. Elytris pallidis, dense confu-
seque punctatis, apice subacuminatis.*

Long. 0,003 ; larg. 0,0017.

Corps obovale, un peu rétréci en devant et en arrière ;
convexe, peu brillant, densement ponctué, presque glabre.

Tête transversale, subtriangulaire ; d'une moitié plus étroite
que la base du prothorax ; faiblement convexe ; glabre ; très-
finement chagrinée et de plus assez densement ponctuée ;
peu brillante ; d'un noir un peu violâtre avec une large tache
livide sur les joues au devant des yeux. *Epistome* deux fois
plus grand que le front, transversal, plus étroit en devant,
légèrement arrondi sur les côtés, largement et circulairement échancré au sommet. *Labre* transversal, subéchancré
au milieu de son bord apical. *Palpes* pâles avec le dernier
article des maxillaires un peu rembruni à son extrémité.
Yeux grands, subovales, peu saillants, brunâtres.

Antennes courtes, à peine plus longues que la tête ; d'un
testacé clair, avec la massue un peu moins pâle et pubescente.

Prothorax transversal, un peu plus large antérieurement
que la tête et les yeux réunis, fortement et bissinueusement
échancré au sommet ; tronqué à la base ; un peu moins

large à celle-ci que la base des élytres; d'un tiers plus étroit en avant qu'en arrière; plus d'une fois moins long sur son milieu que large à sa base; très-étroitement rebordé et faiblement arrondi sur les côtés, avec les angles antérieurs assez saillants, mais fortement arrondis, et les postérieurs obtus, peu ou presque pas émoussés au sommet; convexe; peu brillant; assez fortement et assez densement ponctué; d'un livide grisâtre avec tout le milieu du dos occupé par une large bande d'un noir violâtre, plus dilatée en arrière, à bords ondulés et baveux.

Ecusson oblong, triangulaire; peu brillant; ponctué; d'un noir de poix violâtre.

Élytres obovalaires, un peu plus larges à leur naissance que la base du prothorax; trois fois et demie plus longues que celui-ci; tronquées à la base; très-finement rebordées et passablement arrondies sur les côtés; offrant leur plus grande largeur vers le tiers antérieur, après lequel elles se rétrécissent d'une manière arquée jusqu'au sommet qui est obtusément acuminé; convexes; assez brillantes; d'un testacé livide et grisâtre; revêtues en arrière de quelques rares poils, courts, pâles, peu apparents; couvertes d'une ponctuation assez forte, assez serrée, confuse, nullement disposée en série, si ce n'est à la base et d'une manière presque indistincte.

Dessous du corps noir, avec les parties réfléchies du prothorax et des élytres, pâles; finement, densement et rugueusement ponctué; peu brillant; revêtu d'une pubescence cendrée, courte, tomenteuse.

Pieds d'un testacé pâle; brillants. *Cuisses* latéralement comprimées, dilatées à leur base, atténuées au sommet. Les *intermédiaires* et les *postérieures* éparsement ponctuées à leur face antérieure; les *antérieures* parées à leur base d'une tache brusque, brunâtre, opaque et tomenteuse. *Tibias* épineux, surtout en dehors; les *antérieurs* courts; les *intermédiaires* de la longueur de la cuisse; les *postérieurs* grêles, beaucoup plus longs que la cuisse, sensiblement recourbés en dedans vers les deux tiers de leur longueur.

PATRIE. Bourbonnais et collines du Lyonnais Dans les eaux assez vives.

Obs. Cette espèce est très-voisine du *L. minutus* L., avec lequel on l'a sans doute confondue. Elle en diffère cependant par des caractères constants et assez sensibles. Elle est toujours moins hémisphérique, plus oblongue, moins convexe; l'épistome est toujours distinctement maculé de pâle sur ses côtés; le prothorax est toujours plus largement livide latéralement; enfin les points des élytres ne sont jamais distinctement disposés en séries.

Eutheia linearis.

Elongata, sublinearis, depressa, nitida, griseo-pubescens, picea, pedibus antennisque testaceis, clava paulo obscuriore. Pronoto subquadrato, postice paulo angustiore, obsoletissime punctulato, basi 4-foveolato. Elytris elongatis, distinctius punctulatis, apice truncatis, basi singulatim bifoveolatis. Antennis brevibus, articulis tribus ultimis abruptè crassioribus.

Long. 0,0009 Larg. 0,00035.

Corps sublinéaire; déprimé; brillant, d'un brun de poix; couvert d'une pubescence grisâtre, assez courte et assez serrée.

Tête légèrement transversale, rétrécie au-devant des yeux; d'un tiers moins large que le prothorax; obsolètement ponctuée; d'un noir de poix brillant. *Front* faiblement convexe, obsolètement bi-impressionné. *Cou* lisse, très-brillant. *Mandibules* assez fortes; ferrugineuses. *Palpes maxillaires* peu développés, testacés. *Yeux* grands, arrondis, assez saillants, noirs.

Antennes plus courtes que la tête et le prothorax réunis;

submoniliformes; pubescentes; testacées, avec la massue un peu plus obscure; à premier article oblong, assez épais : le deuxième, subglobuleux, aussi large que le précédent : le troisième, sensiblement plus étroit que le deuxième, très-petit, transversal : le quatrième, subglobuleux, à peu près de la même largeur, mais beaucoup moins court que le précédent : le cinquième, également subglobuleux, mais un peu plus court et un peu plus large que le quatrième : les sixième à huitième de la largeur du cinquième, mais très-courts et fortement transversaux : les trois derniers formant une massue brusque : les neuvième et dixième transversaux : le dernier obovalaire, obtus.

Prothorax presque carré; tronqué à la base et au sommet; un peu rétréci en arrière, où il est un peu moins large que les élytres; faiblement arrondi antérieurement sur les côtés avant leur milieu, avec les angles antérieurs largement arrondis et les postérieurs droits; finement pubescent; d'un brun de poix brillant; presque lisse ou bien très-obsolètement pointillé; marqué de chaque côté de la base de deux impressions assez sensibles : les internes subarrondies, les externes oblongues.

Ecusson triangulaire; brunâtre; peu brillant; ruguleux.

Elytres allongées, sublinéaires ou très-faiblement élargies vers leur tiers antérieur; obtusément et obliquement tronquées au sommet; deux fois et demie plus longues que le prothorax; déprimées; finement pubescentes; d'un brun de poix brillant; distinctement ponctuées, et marquées chacune à la base de deux fossettes arrondies et assez profondes : les internes situées près de l'écusson, les externes en dedans du *calus huméral* : celui-ci assez saillant, presque droit. *Pygidium* assez prolongé, en cône tronqué, faiblement convexe, éparsement ponctué, d'un brun de poix brillant, plus pâle et presque testacé vers le sommet.

Dessous du corps d'un brun de poix brillant, avec le dessous du prothorax beaucoup plus pâle.

Pieds médiocrement allongés, testacés. *Cuisses* assez sensiblement claviformes.

Patrie : Beaujolais. Mai. Dans les troncs de chêne, en compagnie de la *Formica fuliginosa.*

Obs. Cette espèce diffère de l'*Euth. scydmoenoides* Steph. (*abbreviatella.* En.) par sa taille inférieure, sa forme plus linéaire et plus déprimée, ses antennes plus courtes, son prothorax plus lisse, et par ses élytres un peu plus densement ponctuées, avec leurs fossettes basilaires un peu moins profondes.

Scydmœnus longicollis.

Subelongatus, convexus, nitidus, griseo-pubescens, rufo-testaceus, antennis 'pedibusque pallidioribus. Pronoto elongato, subcordato, basi obsoletè bifoveolato. Elytris oblongo-ovatis, lœvibus, basi utrinquè bi-impressis.

Long. 0,0008. Larg. 0,00035.

Corps allongé, assez convexe, brillant, d'un roux testacé ; couvert d'une pubescence grisâtre, assez longue et assez serrée.

Tête subtriangulaire, un peu rétrécie en avant ; d'une moitié plus étroite que le prothorax ; lisse ; d'un rouge testacé brillant. *Front* légèrement convexe. *Palpes maxillaires* testacés, à troisième article fortement renflé. *Yeux* petits, arrondis, assez saillants, noirs, à facettes grossières.

Antennes pubescentes, d'un fauve testacé ; un peu plus longues que la tête et le prothorax réunis, allant sensiblement en grossissant vers l'extrémité, avec les trois derniers articles beaucoup plus épais que les autres ; à premier et deuxième articles assez allongés, légèrement épaissis : les troisième à sixième subégaux, submoniliformes : le septième

5

un peu plus long et un peu plus épais que le précédent : le
huitième un peu plus épais mais un peu plus court que le
septième : les neuvième et dixième assez fortement transversaux : le dernier grand, plus long que large, obovalaire,
obtusément acuminé au sommet.

Prothorax allongé, subcordiforme ; assez convexe; d'un
tiers plus long que large ; largement arrondi au sommet ;
tronqué à la base ; assez fortement arrondi antérieurement
sur les côtés avant leur milieu ; sensiblement rétréci vers sa
base; près d'une moitié moins large à celle-ci que les élytres
sur leur milieu ; pubescent; d'un rouge testacé brillant; lisse,
avec une fossette à peine sensible de chaque côté de la base,
près des angles postérieurs : ceux-ci obtus, les antérieurs largement arrondis.

Écusson très-petit, triangulaire, lisse, d'un rouge testacé.

Élytres oblongues, obovalaires; deux fois et un tiers plus
longues que le prothorax ; un peu plus larges que celui-ci à
leur base ; s'élargissant sensiblement jusqu'à leur tiers antérieur où elles présentent leur plus grande largeu r ; d'un tiers
plus larges à cet endroit que le prothorax à sa plus grande
largeur; puis se rétrécissant insensiblement jusqu e vers leur
extrémité, où elles sont obtusément et simultanément acuminées ; pubescentes; convexes; lisses; d'un rouge testacé
brillant; présentant à la base de chaque côté de l'écusson une
petite fossette semicirculaire assez profonde et bien distincte,
et de plus une impression oblongue et peu marquée le long
du *calus huméral*, qui paraît alors légèrement et obtusément
caréné.

Dessous du corps d'un rouge testacé assez brilla nt.

Pieds assez allongés, légèrement pubescents, d'un fauve
testacé. *Cuisses* fortement claviformes. *Tibias intermédiaires*
légèrement, les *postérieurs* sensiblement dilatés et comprimés
à partir de leur milieu.

Patrie : Hyères. Mars. Sous les écorces des pins.

Obs. Cette espèce, encore plus petite que le *Scydmœnus exilis*. Er., se rapproche du *Scydmœnus pusillus*, Müll.; mais elle en diffère essentiellement par sa taille moindre, par sa couleur, par sa forme plus allongée, par son prothorax seulement bifovéolé, et par ses élytres lisses et plus convexes.

Scydmœnus carinatus.

Oblongo-ovatus, parum convexus, nitidus, parcè longiùs griseo-pubescens, piceo-brunneus, antennis pedibusque fulvo-testaceis. Pronoto oblongo-subquadrato, antice angustiore, basi utrinque latiùs bi-impresso, medioque carinato. Elytris oblongo-ovatis, subdepressis, lœvibus vel obsoletissimè punctatis, basi singulatim bifoveolatis.

Long. 0,001. Larg. 0,0005.

Corps en ovale allongé, peu convexe, d'un brun de poix brillant; revêtu d'une pubescence grisâtre, assez longue, mais peu serrée.

Tête subtriangulaire, un peu rétrécie en avant; d'un tiers plus étroite que le prothorax; lisse; d'un brun de poix brillant. *Front* convexe. *Vertex* marqué de chaque côté, en dedans et auprès des yeux, d'une fossette arrondie et profonde. *Palpes maxillaires* testacés, à troisième article assez fortement claviforme, *Yeux* petits, arrondis, noirs, saillants, à facettes grossières.

Antennes pubescentes; d'un fauve testacé; de la longueur de la tête et du prothorax réunis; allant sensiblement en grossissant à partir du septième article inclusivement : les premier et deuxième oblongs, assez épaissis : les troisième à sixième submoniliformes, pas plus larges que longs, subégaux : le septième sensiblement plus gros que le précédent, subtransversal : les huitième à onzième encore sensiblement plus

gros que le septième : les huitième à dixième très-courts, fortement transversaux : le dernier obovalaire , acuminé au
sommet.

Prothorax en carré long, légèrement rétréci à sa partie antérieure; d'un tiers plus long que large ; obliquement tronqué à la base et au sommet; très-légèrement arrondi sur les
côtés avant leur milieu, avec les angles antérieurs à peine
marqués, et les postérieurs droits ; d'un tiers plus étroit que
les élytres à leur base; légèrement pubescent; d'un brun de
poix brillant; faiblement convexe; lisse, avec deux larges
impressions de chaque côté à la base : les intermédiaires ovalaires, séparées entre elles par une carène bien sentie qui se
prolonge jusque vers le milieu du disque; les extérieures
oblongues, situées près des angles postérieurs.

Ecusson très-petit ; triangulaire; lisse; d'un brun de poix
brillant.

Elytres en ovale allongé; deux fois et demie aussi longues
que le prothorax; tronquées à la base; légèrement arrondies
sur les côtés; présentant, un peu avant leur milieu, leur plus
grande largeur; obtusément acuminées au sommet; subdéprimées à leur partie antérieure jusqu'aux deux tiers de leur
longueur, déclives postérieurement et sur les côtés; légèrement pubescentes; d'un brun de poix brillant, quelquefois
un peu rougeâtre; lisses; creusées à la base de quatre fossettes : les deux internes assez grandes, assez profondes,
subarrondies, situées près de la région scutellaire; les externes oblongues, peu profondes, situées en dedans et le long
du *calus huméral* : celui-ci assez saillant, à angle arrondi, débordant sensiblement les côtés du prothorax.

Dessous du corps d'un brun de poix brillant.

Pieds assez allongés, à peine pubescents, testacés. *Cuisses*
légèrement claviformes. *Tibias* assez grêles, très-faiblement,

les intermédiaires un peu plus fortement dilatés, à partir de leur milieu.

Patrie : Avenas, montagnes du Beaujolais. Octobre. Sous les pierres, en compagnie de la *Formica brunnea*, Latr.

Obs. Cette espèce est bien voisine des *Scydmænus elongatulus* Müll., et *rubicundus* Schaum. Elle diffère de tous deux par ses antennes plus courtes, plus fortement et plus brusquement épaissies à leur sommet, et à articles intermédiaires moins grêles et moins cylindriques ; par sa taille moindre ; par ses élytres moins convexes, à épaules plus saillantes ; et par la carène du prothorax plus prononcée et plus prolongée antérieurement.

Batrisus piceus.

Elongatus, convexus, nitidus, tenuiter luteo-pubescens, rufo-piceus, antennis pedibusque rufis, abdomine nigro-piceo. Sulcis capitis antice convergentibus, vertice subelevato, lævi, medio foveolato. Pronoto subcordato, trisulcato, basi trifoveolato et angulatim bituberculato. Elytris obsoletè punctulatis, basi singulatim bifoveolatis, disco obsoletè dimidiatim uniplicatis. Abdomine gibboso. Antennis validis.

Long. 0,0024. Larg. 0,004.

♂ *Antennes* atteignant en longueur la moitié du corps ; à *dixième article* grand, sphérique, un peu dilaté en dedans : *le dernier* allongé, fusiforme, muni d'une petite dent en dessous à sa base, aussi long que les trois précédents réunis.

♀ *Antennes* plus courtes que la moitié du corps ; à *dixième article* médiocre, obconique, presque aussi large que long : *le dernier* ovalaire, acuminé, un peu plus long que les deux précédents réunis.

Corps allongé ; très-convexe ; d'un roux de poix très-brillant, avec l'abdomen plus obscur ; revêtu d'une pubescence aunâtre, assez courte et peu serrée.

Tête subtriangulaire, rétrécie en avant, un peu plus large (les yeux compris) que le prothorax à sa plus grande largeur ; d'un roux de poix ; creusé latéralement de deux sillons obliques, convergeant en avant et terminés chacun en arrière par une fossette ; avec les parties en dehors de ces sillons rugueusement et fortement ponctuées , et l'intervalle situé entre eux lisse, brillant, peu élevé et marqué d'une fossette ovale sur le vertex. *Mandibules* ferrugineuses, avec leur pointe plus obscure, *Palpes* maxillaires testacés. *Cou* convexe, lisse, très-brillant, ferrugineux. *Yeux* petits, arrondis, noirs.

Antennes pubescentes, rougeâtres ; allant en s'épaississant vers le sommet ; insérées dans une cavité située au-devant des yeux ; à premier article épais, allongé : le deuxième plus étroit, obconique, un peu plus long que large : les troisième à septième un peu plus étroits que le deuxième, subcylindriques, subégaux, presque aussi larges que longs : le huitième un peu plus court et à peine plus épais que les précédents : les trois derniers graduellement plus grands et plus épais, formant une massue oblongue, acuminée.

Prothorax subcordiforme , dilaté en oreillette arrondie avant le milieu de ses côtés ; fortement rétréci en arrière ; tronqué au sommet et à la base ; une fois plus étroit à celle-ci que les élytres ; d'un roux de poix ferrugineux brillant ; convexe ; lisse ; creusé de trois sillons longitudinaux, terminés chacun avant la base par une fossette arrondie, profonde, assez large : le sillon médian fin, les externes plus larges, situés sur l'oreillette ; chargé en outre d'un tubercule dentiforme de chaque côté de la fossette médiane.

Ecusson très-petit, triangulaire, brunâtre , brillant.

Elytres légèrement et simultanément échancrées à la base, tronquées au sommet ; une fois et demie plus longues que le prothorax ; pas plus longues que larges ; sensiblement arrondies sur les côtés ; très-convexes ; finement pubescentes ;

d'un roux de poix très-brillant; obsolètement et éparsement ponctuées; marquées chacune à la base de deux petites fossettes arrondies, d'une strie suturale plus ou moins obsolète sur son milieu, et d'un pli dorsal partant de la fossette externe et atteignant à peine le milieu. *Calus huméral* assez saillant, anguleusement arrondi.

Abdomen très-convexe, gibbeux; plus court que les élytres; finement pubescent; d'un noir de poix très-brillant.

Dessous du corps assez convexe; d'un noir de poix assez brillant; finement pubescent. *Métasternum* largement sillonné.

Pieds allongés, grêles, testacés. *Cuisses* légèrement renflées après leur milieu. *Tibias* faiblement dilatés à partir de leur dernière moitié.

PATRIE. Grande Chartreuse, montagnes d'Izeron. Août, septembre. En compagnie de la *Formica rufa*.

Obs. Cette espèce fait la transition entre le *Batr. Delaporti* AUBÉ et le *Batr. venustus* REICHB. Le vertex est bien moins élevé que dans le premier. Les antennes sont bien plus robustes que dans le second. La singulière conformation du dernier article des antennes chez le ♂ empêchera de la confondre avec aucun de ses congénères.

Bryaxis globulicollis.

Oblonga, fortiter convexa, nitida, parce obsoletissime pubescens, rufa, antennis pedibusque concoloribus, oculis nigris. Pronoto subgloboso, basi trifoveolato, foveis externis margine ipso sitis. Elytris striâ suturali forti, plicâque dorsali tenui, obliquâ, notatis. Antennis elongatis. Capite exserto, collo distinctiore.

Long. 0,0045. Larg. 0,0006.

♂ *Premier segment de l'abdomen* creusé au milieu de son bord postérieur d'une échancrure ciliée, accompagnée sur les côtés d'une petite entaille semicirculaire d'où part un pin-

ceau de poils fauves ; marqué en outre de chaque côté et en
arrière d'une fossette profonde, oblongue, joignant et refou-
lant le rebord latéral. *Deuxième segment abdominal* largement
fovéolé au milieu de sa base, immédiatement au dessous de
l'échancrure du précédent.

♀ *Premier* et *deuxième segments de l'abdomen* simples.

Corps oblong ; très-convexe ; brillant ; rougeâtre ; revêtu
d'une pubescence jaunâtre, fine, courte et peu serrée.

Tête oblongue, rétrécie en devant, à peine (les yeux compris) plus étroite que le prothorax ; rougeâtre ; brillante ;
lisse ; profondément bifovéolée entre les yeux. *Vertex* convexe. *Mandibules* saillantes, ferrugineuses. *Palpes* maxillaires
roux. *Cou* toujours bien dégagé, rougeâtre, lisse, brillant.
Yeux arrondis, assez grands, noirs, à facettes grossières.

Antennes pubescentes, d'un rougeâtre plus ou moins clair ;
sensiblement plus longues que la tête et le prothorax réunis ;
s'épaississant en massue oblongue à partir du neuvième article inclusivement ; le premier obconique, assez épais : le
deuxième obconique, un peu moins épais : les troisième à
septième obconiques, assez grêles, subégaux, un peu plus
longs que larges : le huitième à peine plus long que large :
le neuvième en cône tronqué, plus épais que les précédents,
plus long que large : les deux derniers grands, beaucoup plus
épais que les précédents : le dixième en cône tronqué, à peine
aussi long que large : le onzième obovalaire, obtusément acuminé au sommet.

Prothorax subglobuleux ; tronqué à la base et au sommet:
fortement arrondi sur les côtés avant leur milieu ; sensiblement rétréci en arrière ; avec les angles antérieurs largement
arrondis et les postérieurs obtus ; près d'une moitié plus
étroit à sa base que la base des élytres ; très-convexe ; lisse ;
d'un rougeâtre brillant ; finement rebordé à la base ; creusé
en arrière de trois fossettes libres, arrondies et profondes :

les externes situées sur le bord latéral même, qu'elles inter-
rompent au point de le faire paraître échancré.

Ecusson très-petit, triangulaire, brillant, brunâtre.

Elytres carrées, légèrement arrondies sur les côtés, un peu
plus larges postérieurement ; tronquées à la base et au sommet ; une fois et deux tiers plus longues que le prothorax ;
convexes ; brillantes ; rougeâtres, avec la région scutellaire
et le bord apical rembrunis ; lisses ; creusées chacune d'une
strie suturale bien marquée, et d'un pli dorsal très-fin, partant du milieu de la base pour se diriger obliquement, de
dehors en dedans en se rapprochant de la suture, jusque
vers l'extrémité postérieure avant laquelle il s'oblitère. *Calus
huméral* arrondi, peu saillant.

Abdomen convexe ; largement rebordé, finement pubescent ;
d'un rougeâtre brillant ; le premier segment plus grand que
tous les suivants réunis, lisse ; les autres très-finement pointillés.

Dessous du corps assez convexe, rougeâtre, brillant, lisse,
avec les derniers segments ventraux obsolètement pointillés.

Pieds assez grêles, d'un rougeâtre plus ou moins clair.
Cuisses faiblement renflées après leur milieu. *Tibias antérieurs* et *intermédiaires* légèrement cintrés en dessous : les
postérieurs sensiblement recourbés en dedans avant leur extrémité : les *antérieurs* et les *postérieurs* faiblement, les *intermédiaires* sensiblement dilatés à partir du tiers supérieur.

Patrie : Hyères, au bord des eaux saumâtres, parmi les
herbes. Mars à juin.

Obs. Cette espèce est facile à confondre avec les *Br. Schüp-
peli* Aub. et *hæmatica* Reichenbach. Elle s'éloigne du premier par sa couleur plus claire, sa taille plus grande, sa
forme plus convexe, et par ses antennes et ses élytres plus
longues ; du deuxième, par la fossette latérale du prothorax
située sur la marge elle-même plus que dans toute autre

espèce ; et de tous deux, par son cou toujours plus dégagé et par le caractère du premier segment de l'abdomen chez le ♂.

Bythinus nigrinus.

Oblongus, leviter convexus, nitidus, parcè subtilissimè griseo-pubescens, nigro-piceus, antennis pedibusque rufo-testaceis. Pronoto subcordato, lœvi, basi bifoveolato, foveis sulco bissinuato conjunctis. Elytris oblongo-subquadratis, grossè sparsim punctatis, striâ suturali et basi utrinque foveis duabus, impressis.

Long. 0,0045. Larg. 0,0006.

♂ *Premier article des antennes* oblong, épais, terminé au côté interne par un angle obtus : le *deuxième* épais, pas plus long que large, passablement dilaté en dedans, terminé au côté interne par un angle obtus. *Tibias antérieurs* obtusément dentés en dessous avant l'extrémité.

♀ *Premier* et *deuxième article des antennes* et *tibias* simples.

Corps oblong; légèrement convexe; d'un noir de poix, brillant; revêtu d'une pubescence grisâtre, fine et peu serrée.

Tête oblongue, rétrécie en devant; un peu plus étroite que le prothorax; brillante; d'un noir de poix; creusée de trois fossettes profondes : une antérieure, large et en forme de losange : deux entre les yeux, plus petites et arrondies. *Vertex* subdéprimé; lisse, très-finement sillonné sur son milieu. *Labre* d'un roux ferrugineux. *Mandibules* saillantes, couleur de poix. *Palpes maxillaires* grands ; d'un roux testacé. *Cou* étroit, court, d'un noir brillant. *Yeux* arrondis ; assez grands ; très-saillants ; noirs ; à facettes grossières.

Antennes pubescentes ; d'un roux testacé ; de la longueur de la tête et du prothorax réunis; terminées par une massue oblongue; à premier et deuxième articles épais : le premier oblong : le deuxième pas plus long que large : les troi-

sième à huitième plus grêles que les précédents, petits, allant
graduellement en diminuant de longueur: le troisième pas
plus long que large: les quatrième à huitième légèrement
transversaux: les neuvième et dixième fortement transversaux,
ublenticulaires : le neuvième un peu plus épais que le huitième: le dixième sensiblement plus épais que le neuvième :
le dernier grand, plus épais que le précédent, obovalaire,
acuminé.

Prothorax subcordiforme; obtusément tronqué à la base
et au sommet; arrondi sur les côtés un peu avant leur milieu;
rétréci en arrière et en avant, avec les angles antérieurs arrondis, et les postérieurs obtus; d'une moitié plus étroit à sa
base que les élytres à leur plus grande largeur; légèrement
convexe; d'un noir de poix brillant; lisse; marqué en
arrière, sur les côtés, de deux fossettes arrondies, réunies
par une strie transversale bissinueuse.

Ecusson très-petit; triangulaire; noir, peu brillant.

Elytres en carré long, légèrement arrondies sur les côtés,
un peu plus larges postérieurement; faiblement et simultanément échancrées à la base; tronquées au sommet; deux
fois plus longues que le prothorax; faiblement convexes;
d'un noir de poix très-brillant, avec le bord apical un peu
plus clair; couvertes d'une ponctuation grossière et peu serrée; marquées d'une strie suturale peu profonde, dont l'extrémité se recourbe pour rejoindre l'angle apical; creusées
en outre chacune à la base de deux impressions oblongues.
Calus huméral largement arrondi, peu saillant.

Abdomen de moitié plus court que les élytres; convexe;
rebordé; finement pubescent; presque lisse; d'un noir de
poix brillant, avec le bord apical de chaque segment un peu
plus pâle.

Dessous du corps convexe; lisse; d'un noir de poix brillant.
Ventre avec les intersections de chaque segment plus pâles.

Pieds assez allongés ; d'un roux testacé. *Cuisses* légèrement renflées après leur milieu. *Tibias* très-faiblement dilatés à partir de leur premier tiers.

Patrie : Suisse, montagnes d'Izeron. Juin. Parmi les mousses.

Obs. Cette espèce diffère du *Byth. bulbifer* Reichb. par sa taille un peu plus grande, ainsi que par la structure des premiers articles des antennes des ♂.

Euplectus punctatus.

Elongatus, depressus, nitidulus, tenuiter griseo-pubescens, rufo-testaceus, antennis pedibusque concoloribus, abdomine paulo obscuriore. Capite transverso, fortiter dense punctato. Pronoto cordato, subtilius parciusque punctato, basi latius trifoveolato, medio foveolá oblongá usque ad foveam mediam baseos porrectá. Elytris oblongo-subquadratis, singulis basi trifossulatis, et striá suturali integrá dorsalique abbreviatá notatis. Antennarum articulo ultimo breviter ovato.

Long. 0,0013.; larg. 0,0003.

Corps allongé, déprimé ; assez brillant ; revêtu d'une pubescence fine, courte et grisâtre ; d'un roux testacé, avec l'abdomen un peu plus obscur.

Tête transversale, déprimée, tronquée au sommet, légèrement rétrécie en devant à partir des yeux ; à peine plus large que le prothorax à sa plus grande largeur ; rougeâtre ; peu brillante ; fortement et densement ponctuée ; marquée d'une impression transversale le long du bord antérieur, et de deux sillons longitudinaux, subparallèles, assez larges, peu profonds, se réunissant en avant avec l'impression transversale. *Labre* ponctué. *Mandibules* falciformes, d'un roux ferrugineux. *Palpes* d'un roux testacé. *Cou* assez convexe ; court ; ferrugineux ; finement chagriné. *Yeux* assez grands ; arrondis ; peu saillants ; noirs.

Antennes pubescentes, d'un roux testacé; plus courtes que
la tête et le prothorax réunis; terminées par une massue ovalaire; à premier et deuxième articles épaissis: le premier obconique: le deuxième globuleux: les troisième à huitième
petits, plus étroits que les précédents, subtransversaux: les
neuvième et dixième beaucoup plus épais que les précédents,
fortement transversaux, sublenticulaires: le neuvième plus
large que le dixième: le dernier grand, en ovale court, obtusément acuminé.

Prothorax cordiforme, obtusément tronqué à la base et au
sommet; fortement arrondi sur les côtés avant leur milieu,
fortement rétréci en arrière, avec tous les angles largement
arrondis; d'une moitié moins large à sa base que la base des
élytres; presque aussi large à sa plus grande largeur que les
élytres à leur base; déprimé; d'un rougeâtre assez brillant;
couvert d'une ponctuation beaucoup moins serrée et moins
forte que celle de la tête; creusé à la base de trois larges fossettes arrondies, et sur le milieu du disque d'un sillon ou
fossette oblongue, bien marquée, ordinairement réunie en
arrière avec la fossette médiane de la base.

Ecusson très-petit, presque imperceptible; en triangle très-
allongé; brillant, rougeâtre.

Elytres en carré long, légèrement arrondies sur les côtés,
à peine ou pas plus larges postérieurement; obliquement
tronquées à la base et au sommet; une fois et un tiers aussi
longues que le prothorax; déprimées; d'un rougeâtre brillant; très-obsolètement et presque invisiblement pointillées
sur leur disque, un peu plus distinctement en arrière;
creusées chacune un peu après la base de trois petites fossettes: une interne, donnant naissance à une strie suturale
bien marquée et intérieurement recourbée au sommet: une
autre externe, en dedans de l'épaule, donnant naissance à
une strie dorsale bien marquée, mais atteignant à peine la

moitié de la longueur de l'élytre : la troisième intermédiaire, isolée, quelquefois en forme de virgule. *Calus huméral* assez saillant, légèrement arrondi.

Abdomen aussi long que les élytres, subdéprimé à sa base, assez convexe à sa partie postérieure ; largement rebordé ; finement pubescent ; d'un roux ferrugineux assez brillant et plus ou moins obscur ; finement et obsolètement pointillé.

Dessous du corps peu convexe ; assez brillant, rougeâtre, avec le bord apical de chaque segment ventral plus obscur.

Pieds médiocrement allongés, d'un roux testacé. *Cuisses* passablement renflées. *Tibias* faiblement arqués, légèrement dilatés à partir de leur premier tiers.

Patrie : Suisse. Juin. Sous l'écorce des sapins.

Obs. Cette espèce se distingue de l'*E. Karsteni* Reichb. par sa taille plus grande, sa forme plus déprimée, et par son prothorax plus dilaté sur les côtés.

Anthocomus pulchellus.

Elongatus, subdepressus, nitidus, metallico-niger ; clypeo, pronoti lateribus, elytrorum apice ventreque medio rubris. Capite pronotoque lœvigatis, parcè pubescentibus ; elytris fusco-hirtis, obsoletè undulatis. Pedibus elongatis.

Long. 0,003. Larg. 0,0012.

♂. *Antennes* profondément pectinées en dedans à partir du quatrième article. *Tête*, y compris les yeux, aussi large que le prothorax. *Extrémité des élytres* chiffonnée, et armée à la suture, un peu avant l'angle apical, d'une épine noire, recourbée en l'air et en arrière.

♀. *Antennes* simplement dentées en scie en dedans, à partir du troisième article. *Tête*, y compris les yeux, un peu plus étroite que le prothorax. *Extrémité des élytres* simple, inerme.

Corps allongé; subdéprimé; presque lisse ; d'un noir métallique brillant, avec les côtés du prothorax rouges.

Tête subverticale; transversale, tronquée au sommet; finement et éparsement pubescente; presque lisse; d'un noir brillant un peu métallique. *Front* fortement déprimé, creusé entre les yeux de deux larges impressions peu profondes, presque obsolètes. *Epistome* transversal; rougeâtre; séparé du front par une arête saillante. *Parties de la bouche* d'une couleur de poix assez obscure, et rarement plu s ou moins testacée. *Yeux* assez grands, arrondis, noirs, plus saillants chez le ♂ que chez la ♀.

Antennes un peu plus longues (♂) ou à peine aussi longues (♀) que la moitié du corps; pubescentes ; noires, avec les deux premiers articles quelquefois obscurément lavés de rouge en dessous : le premier oblong, renflé au sommet: le deuxième un peu plus étroit, beaucoup plus court: le troisième oblong, prolongé en dedans en dent de scie sensible (♂), obtuse (♀): les quatrième à dixième profondément pectinés (♂), dentés en scie (♀): le dernier allongé, grêle (♂), elliptique, oblong (♀).

Prothorax à peine transversal, presque aussi long que large; un peu plus étroit que les élytres; obtusément arrondi au sommet et à la base; distinctement rebordé à celle-ci qui est légèrement sinuée sur son milieu au devant de l'écusson; assez fortement arrondi ou comme anguleusement dilaté sur les côtés, avec les angles antérieurs et postérieur s fortement arrondis; subdéprimé; finement et éparsement pubescent; presque lisse; d'un noir métallique très-brillant, avec une large bordure rouge sur les côtés.

Ecusson moyen ; subtransversal ; obtusément tronqué au sommet; presque li sse, glabre; d'un noir métallique brillant.

Elytres trois fo is et demie aussi longues que le prothorax; subparallèles sur les côtés; obtusément arrondies au som-

met (♀), chiffonnées sur ce point, et armées d'une épine obscure chez le ♂ ; subdéprimées ; hérissées de poils obscurs,
hispides, redressés et légèrement inclinés en arrière ; inégales
et comme obsolètement onduleuses à leur surface ; d'un noir
brillant et un peu violâtre, avec une grande tache rouge occupant l'angle sutural, et le lobe réfléchi des ♂ rembruni. *Calus
huméral* peu saillant, arrondi.

Dessous du corps subdéprimé ; éparsement pubescent ;
presque lisse ; d'un noir métallique brillant, avec le dessous
du prothorax, une tache ponctiforme à la base des trochanters, le milieu du ventre, et les intersections des segments
ventraux, d'un rouge quelquefois plus ou moins testacé.

Pieds allongés ; pubescents ; d'un noir de poix, avec les tibias et les tarses quelquefois un peu brunâtres. *Tarses* et *tibias* assez grêles : ceux-ci très-faiblement arqués à leur base.

Patrie : Coteaux arides du vallon de Bonnant, environs de
Lyon. Juillet, août. En fauchant les herbes sèches. La même
espèce a été trouvée par M. Raymond en Provence, sur les
fleurs du *Peucedanum officinale*.

Obs. Elle diffère de l'*A. cardiacæ* L. par son corps plus
lisse, et par la couleur rouge des côtés du prothorax.

Dryophilus raphaelensis (Raymond, in litt.).

*Oblongus, convexus, obscurus . angulo humerali ferrugineo, antennis
pedibusque rufis. Capite pronotoque opacis, densius albido-sericeo-pubes-
centibus, tenuiter densè rugoso-punctatis ; hoc longitudinaliter convexo,
basi fortiter bissinuato, lobo medio producto, antè scutellum truncato.
Elytris basi subdepressis, nitidis, fortius punctato-striatis, longius seriatim
albido-pilosis, fasciculatim albido-bifasciatis. Antennarum articulis ultimis tribus magnis, elongatis, subœqualibus.*

Long. 0,0022. Larg. 0,001.

Corps oblong ; d'un noir de poix, mat sur la tête et le prothorax, brillant sur les élytres.

Tête plus étroite que le prothorax ; inclinée ; transversale ; brusquement rétrécie au devant de l'insertion des antennes ; subdéprimée ; densement et rugueusement ponctuée ; marquée au milieu du front d'une petite fossette ponctiforme ; d'un noir brunâtre mat ; revêtue d'une pubescence blanchâtre, soyeuse, couchée et dirigée en avant ; tronquée à son bord antérieur, qui est cilié d'assez longs poils blanchâtres, voilant en grande partie le *labre* : celui-ci transversal. *Parties de la bouche* d'un ferrugineux obscur. *Yeux* grands, assez saillants, noirs.

Antennes assez grêles ; insérées dans une échancrure latérale des joues, au devant et en dedans des yeux ; aussi longues que la moitié du corps ; finement pubescentes ; entièrement d'un roux ferrugineux assez clair ; à premier article renflé : le deuxième beaucoup plus étroit que le précédent, un peu plus long que large : les troisième à huitième oblongs, subégaux : les trois derniers grands, subégaux, plus épais et beaucoup plus allongés que les précédents : les neuvième et dixième presque serriformes en dedans : le dernier subfusiforme, obtusément acuminé au sommet.

Prothorax d'un tiers plus étroit que les élytres ; aussi large que long ; largement arrondi à son bord antérieur, qui est faiblement prolongé en forme de capuchon au dessus du front ; fortement et longitudinalement convexe sur son milieu ; assez fortement arrondi sur les côtés ; assez profondément bissinué à la base, avec le lobe médian beaucoup plus prolongé en arrière que les latéraux, et tronqué à son bord postérieur au devant de l'écusson ; offrant ses angles antérieurs fortement infléchis ou presque nuls, les postérieurs obtus et assez fortement arrondis ; densement, assez finement et rugueusement ponctué ; d'un brun obscur et mat ; revêtu d'une pubescence blanchâtre, soyeuse, assez serrée, couchée et convergeant vers la ligne médiane.

6

Ecusson transversal, subcordiforme ; d'un brun obscur et mat ; très-finement chagriné.

Elytres trois fois aussi longues que le prothorax ; arrondies à leur angle huméral ; subparallèles sur leurs côtés jusqu'aux deux tiers de leur longueur, après lesquels elles se rétrécissent d'une manière arquée pour aller s'arrondir largement au sommet ; subdéprimées à la base vers la région scutellaire ; assez convexes postérieurement ; d'un noir de poix brillant, avec le calus huméral ferrugineux ; marquées d'environ dix stries sinuées à leur base, formées de points enfoncés assez profonds, postérieurement affaiblis et plus gros à la base et sur les côtés, et en outre d'une strie juxta-scutellaire, oblique et raccourcie ; parées sur les intervalles qui sont lisses, d'une série de poils blanchâtres, soyeux, assez longs, redressés, légèrement inclinés en arrière ; et en outre de deux bandes transversales, blanchâtres, raccourcies en dedans et n'atteignant pas la suture, composées de poils plus courts, plus serrés et couchés en différents sens, principalement en arrière et en dehors : la première, à la base et occupant la région humérale : la deuxième, vers les deux tiers de la longueur et offrant en arrière une transparence d'un ferrugineux de poix.

Dessous du corps obscur ; rugueux ; revêtu d'une pubescence blanchâtre, beaucoup plus serrée sur les côtés de la poitrine.

Pieds assez grêles ; finement pubescents ; d'un roux ferrugineux. *Cuisses* faiblement épaissies après leur milieu. *Tarses* à premier article allongé : le deuxième oblong, obconique : les troisième et quatrième transversaux, obcordiformes.

Patrie : Cet intéressant insecte a été trouvé à Saint-Raphaël (Var) par M. Raymond qui l'a capturé en battant des buissons de ronces. Il nous a été communiqué par M. Godart de Lyon.

Obs. Cette espèce, à première vue, simule assez bien un

Ptinus ; mais la longueur des trois derniers articles de ses
antennes, la forme de son prothorax, de ses cuisses et de ses
tarses le font naturellement rentrer dans la famille des *Ano-
bides*.

Xyletinus ferrugineus.

*Subelongatus, subcylindricus, convexus, parum nitidus, rugulosus ;
pubescenti-tomentosus, ferrugineus, pedibus rufis, anticis dilutioribus,
antennis flavo-testaceis, articulo primo rufo. Pronoto brevi, medio postice fortiter convexo, elevato ; elytris hoc triplo longioribus, lateribus
unistriatis. Antennis intus profunde serratis.*

Long. 0,0032 ; larg. 0,0013.

Corps assez allongé ; cylindrique ; assez finement rugueux ;
d'un ferrugineux assez obscur et peu brillant ; couvert d'une
pubescence tomenteuse, très-courte et assez serrée.

Tête verticale, transversale ; un peu plus étroite que le
prothorax dans lequel elle est engagée ; brusquement et
triangulairement rétrécie au devant des yeux ; d'un ferrugineux peu brillant ; assez fortement et rugueusement ponctuée ;
parcimonieusement tomenteuse, et garnie à son sommet de
poils jaunâtres et brillants. *Front* faiblement convexe. *Mandibules* d'un brun de poix à leur extrémité. *Palpes* testacés.
Yeux très-grands, subarrondis, noirs.

Antennes un peu plus longues que la tête et le prothorax
réunis ; à peine pubescentes ; d'un flave testacé assez pâle,
avec le premier article d'un roux ferrugineux assez clair :
celui-ci gros, épais, oblong, un peu rétréci à son sommet :
le deuxième de moitié plus court, dilaté et obtusément
arrondi en dedans : le troisième triangulairement prolongé
en dedans : les quatrième à dixième fortement prolongés en
dedans en dents de scie : le dernier oblong, elliptique.

Prothorax court, transversal ; de la largeur des élytres à sa base ; un peu rétréci antérieurement ; bissinueusement échancré au sommet, avec le lobe médian largement arrondi et prolongé en forme de capuchon au dessus du vertex ; bissinué à la base, avec le bord médian très-faiblement et les lobes latéraux fortement prolongés en arrière ; subrectiligne ou légèrement arrondi sur les côtés, avec les angles antérieurs très-aigus et infléchis, et les postérieurs très-obtus, arrondis, un peu relevés ; fortement convexe et comme élevé à la partie postérieure de son disque ; d'un ferrugineux assez obscur et peu brillant ; couvert d'une pubescence tomenteuse, courte et grisâtre ; finement et rugueusement ponctué, et marqué de chaque côté de la base d'une dépression transversale partant du sinus de ladite base pour aller mourir un peu au devant de l'angle postérieur.

Ecusson subcordiforme ; finement rugueux ; tomenteux d'un châtain obscur.

Elytres allongées, subcylindriques ; trois fois plus longues que le prothorax ; obliquement coupées aux épaules ; subparallèles sur leurs côtés ou très-faiblement sinuées vers le milieu de ceux-ci ; fortement arrondies au sommet ; assez convexes ; peu brillantes ; d'un ferrugineux assez obscur ; entièrement couvertes d'une pubescence grisâtre, fine, courte et tomenteuse ; densement et finement rugueuses, ou comme confusément réticulées avec chaque maille du réseau notée d'un petit point enfoncé ; subsillonnées postérieurement à la suture, et marquées sur les côtés d'une strie submarginale, raccourcie en avant à peu près vers le milieu. *Calus huméral* assez proéminent, gibbeux.

Dessous du corps assez convexe ; finement tomenteux ; rugueux ; d'un châtain ferrugineux obscur et peu brillant.

Pieds peu allongés ; très-finement pubescents ; d'un roux ferrugineux: les antérieurs d'un testacé assez pâle. *Tibias antérieurs* longs et grêles, légèrement flexueux. *Tarses* courts.

PATRIE : Cette espèce a été prise à Saint-Raphaël par M. Raymond, en battant le chêne-liége (Collection Godart).

Obs. Elle a de l'analogie, quant à la forme, avec le *Xyl. cylindricus* GERM. ; mais elle est beaucoup moindre ; les antennes sont beaucoup plus profondément dentées en scie ; les tibias antérieurs sont beaucoup plus longs et plus grêles ; et la ponctuation des élytres est fine, rugueuse et confuse, au lieu d'être distincte et presque régulière.

Tropideres curtirostris.

Elongatus, subcylindricus, rugoso-punctatus, densius albido-pubescenti variegatus, nigro-opacus, antennarum articulo primo, tibiis, pronoti apice vittâque humerali obscurè rufescentibus. Rostro perbreviore. Pronoti pliculâ basali parum elevatâ, leviter flexuosâ. Elytris punctato-striatis.

Long. 0,004. Larg. 0,0015.

Corps allongé, subcylindrique ; rugueusement ponctué ; d'un noir opaque ; revêtu d'une pubescence blanchâtre, courte, serrée, entremêlée de taches nues.

Tête presque carrée ; rugueusement et densement ponctuée ; d'un noir opaque ; revêtue d'une pubescence blanchâtre, courte, couchée et dirigée en avant. *Front* très-peu convexe. *Rostre* court ; déprimé ; aussi large que la tête. *Parties de la bouche* d'un noir de poix brillant. *Yeux* grands, arrondis ; saillants ; noirs.

Antennes assez courtes, atteignant à peine la base du prothorax ; très-peu pubescentes ; noires, avec le premier article plus ou moins roussâtre : les premier et deuxième ovoïdes, renflés : les troisième à huitième allongés, grêles, graduellement un peu plus courts et plus épais en approchant de l'extrémité : les trois derniers formant une massue oblongue, fusiforme, acuminée.

Prothorax presque aussi long que large ; plus étroit en

avant; obtusément arrondi à son bord antérieur qui s'avance un peu sur le vertex en forme de capuchon; légèrement arrondi sur les côtés, avec les angles antérieurs très-infléchis, inappréciables, et les postérieurs très-obtus et fortement arrondis; surmonté en arrière d'un repli peu élevé, très-faiblement flexueux et rapproché de la base; transversalement convexe; densement et rugueusement ponctué; d'un noir opaque, avec le sommet roussâtre; varié d'une pubescence blanchâtre, qui forme çà et là des taches assez distinctes, dont les principales sont : quatre arrondies, transversalement disposées sur le milieu du disque, et une grande, oblongue, triangulaire, au milieu de la base.

Ecusson petit; arrondi; couvert d'une pubescence blanchâtre et serrée.

Elytres allongées, subcylindriques; de la largeur du prothorax à sa base, un peu plus larges en arrière vers les trois quarts de leur longueur; subrectilignes sur les côtés, obtusément arrondies et subverticales à leur sommet; deux fois plus longues que le prothorax; faiblement convexes; d'un noir opaque avec une bande longitudinale ferrugineuse, assez large, partant de la base vers les épaules, et prolongée, en se fondant avec la couleur foncière, quelquefois jusqu'après le milieu; revêtues d'une pubescence blanchâtre qui forme çà et là des taches dont la principale est oblongue, et occupe la base de la bande ferrugineuse; marquées d'environ dix rangées striales de points enfoncés assez forts, affaiblies et confuses postérieurement, et d'une onzième rudimentaire, juxta-scutellaire. *Intervalles* plans; rugueusement ponctués. *Calus huméral* peu saillant, arrondi.

Pygidium fortement et rugueusement ponctué; pubescent; d'un noir opaque.

Dessous du corps faiblement convexe; rugueusement ponctué; d'un noir opaque; revêtu d'une pubescence blanchâtre, courte, beaucoup plus serrée sur les côtés de la poitrine.

Pieds assez longs; assez forts; pubescents; obscurs, avec les tibias ferrugineux. *Tarses* rembrunis; forts; presque aussi longs que les tibias.

Patrie : Cette espèce a été prise à Saint-Raphaël par M. Raymond, en battant les chênes verts (Collection Godart).

Obs. Elle se distingue du *Tropideres cinctus* Pk. auquel elle ressemble beaucoup, par son rostre plus court, son front beaucoup moins convexe, ses yeux plus saillants et beaucoup plus écartés ; par les stries plus fortement ponctuées ; par ses antennes moins longues, et surtout par le repli du prothorax moins élevé, moins flexueux, et beaucoup plus rapproché de la base.

Hylesinus vestitus.

Elongatus, antice attenuatus, leviter convexus, fusco-hirtus, rugoso-punctatus, nigro-piceus, antennis pedibusque rufo-testaceis. Capite pronotoque subnitidis ; hoc, pectore ventreque pruinoso-tomentosis. Elytris subcylindricis, nigris, opacis, basi muricatis, confusè et tenuiter striatis, maculâ basali magnâ, obliquâ, ferrugineâ ; apice summo, suturâ, fasciâ subposticâ interruptâ, maculâque basali densius luteo vel albido-squamulatis. Pronoto lateribus muricato. Antennis brevibus, clavâ ovatâ, acuminatâ.

Long. 0,003. Larg. 0,0012.

Corps allongé, atténué en avant ; peu brillant ; rugueusement ponctué ; hérissé de poils obscurs et hispides, et revêtu d'une pubescence courte et farineuse.

Tête subverticale ; transversale ; d'un tiers moins large que le prothorax à sa base ; densement, assez fortement et rugueusement ponctuée ; parée surtout en avant d'une pubescence pâle ou jaunâtre, peu serrée ; d'un noir de poix assez brillant. *Front* déprimé ; finement caréné sur son milieu. *Vertex* convexe. *Labre* court, transversal ; cilié de poils jaunâtres. *Mandibules* courtes, solides ; d'un noir de poix. *Parties de la bouche* testacées. *Yeux* brunâtres ; tout-à-fait déprimés ; très-grands ; fortement transversaux , un peu obliques.

Antennes courtes, un peu plus longues que la tête ; pubescentes ; d'un roux testacé assez clair ; à premier article allongé, en massue : le deuxième subarrondi, assez épais, pas plus long que large : le troisième beaucoup plus grêle, oblong, obconique : les intermédiaires petits , très-courts et serrés : les trois derniers formant une massue ovalaire, tomenteuse, acuminée au sommet : les pénultième et antepénültième transversaux : le dernier presque aussi grand que les deux précédents réunis.

Prothorax presque aussi long que large à sa base ; un peu plus étroit, à celle-ci, que les élytres ; rétréci en avant où il est à peine plus large que la tête ; près de deux fois aussi large à la base qu'à son sommet ; obtusément arrondi à celui-ci ; bissinué à la base ; légèrement arrondi sur les côtés, avec les angles antérieurs nuls, et les postérieurs obtus, arrondis, peu marqués ; hérissé de poils obscurs et redressés ; revêtu en outre d'une pubescence très-courte, comme farineuse, un peu moins dense au milieu de la base où elle laisse comme une grande tache nue, géminée ou interrompue au milieu par un trait étroit ; d'un noir de poix un peu brillant, avec le bord antérieur ferrugineux ; couvert d'une ponctuation serrée et rugueuse, distinctement muriquée sur les côtés.

Ecusson transversal ; subtriangulaire ; ponctué ; d'un noir de poix brillant.

Elytres subcylindriques, plus de deux fois et demie aussi longues que le prothorax ; largement et individuellement

arrondies à la base ; subparallèles sur les côtés ; fortement
arrondies au sommet ; faiblement convexes ; élevées et muri-
quées à leur base ; densement et rugueusement ponctuées ;
finement et obscurément striées, avec les deux stries latérales
beaucoup plus distinctes ; d'un noir opaque, avec une grande
tache ferrugineuse, oblique, occupant toute la base et la région humérale , partant de la suture un peu au dessous de
l'écusson et s'étendant jusqu'après le milieu du bord latéral ;
hérissées de poils hispides , obscurs et sérialement disposés ;
parées en outre d'une pubescence courte, squamiforme, pâle
ou jaunâtre, couvrant presque toute la surface de la tache
ferrugineuse , et formant au sommet et sur la suture une
bordure étroite, et avant l'extrémité une bande transversale,
un peu oblique, comme composée de deux taches oblongues
et latéralement réunies.

Dessous du corps légèrement convexe ; d'un noir de poix ;
finement rugueux ; couvert d'une pubescence tomenteuse et
grisâtre. *Dessous de la tête* convexe ; glabre ; d'un noir de
poix brillant ; très-finement chagriné et ridé en travers ;
creusé sur son milieu d'un sillon longitudinal très-fin, mais
bien distinct.

Pieds courts, robustes ; latéralement comprimés ; pubescents,
d'un roux un peu testacé. *Tibias* fortement élargis à leur sommet ; ciliés de poils fins et mous à leur arête externe : les
antérieurs et les *postérieurs* obtusément denticulés sur le dernier tiers de leur tranche externe : les *intermédiaires* plus
distinctement et sur une plus grande étendue.

Patrie : Environs d'Hyères. Février. En battant les oliviers
sauvages. La même espèce a été aussi capturée à St-Raphaël
par M. Raymond sur les lentisque.

Obs. Elle est beaucoup plus allongée que les *Hyl. varius*
et *vittatus* F. , dont elle offre quelque peu les dessins.

Var. Elle varie un peu pour la couleur. Quelquefois le

prothorax et le ventre sont plus ou moins complètement ferrugineux.

Cryptocephalus maculicollis.

Subovalis, nitidus, glaber, ochraceus, oculis, antennarum articulis ex-
ternis apice summo, pectoreque nigricantibus; capite pronotoque sat dense
parum profunde punctatis, ferrugineo-maculatis; elytris nigro-punctato-
striatis, puncto ferrugineo humerali notatis; pygidio dense rugoso-punc-
tato, pubescente; tibiis anticis subrectis.

Long. 0,004. Larg. 0,002.

♂ *Antennes* dépassant les 3/4 de la longueur du corps.
Dernier segment ventral uni.

♀ *Antennes* dépassant à peine la 1/2 de la longueur du
corps. *Dernier segment ventral* creusé sur son milieu d'une
large fossette arrondie.

Corps subovalaire; brillant; glabre en dessus; d'un jaune
d'ocre, avec de grandes taches ferrugineuses sur la tête et le
prothorax.

Tête verticale; près de moitié plus étroite que la base du
prothorax; largement et circulairement échancrée à son bord
antérieur; assez grossièrement ponctuée; d'un jaune paille
brillant, avec une assez large bordure ferrugineuse en arrière
sur le vertex, et une large bande longitudinale de même
couleur sur le front : celle-ci partant du bord antérieur, occupant en largeur tout l'espace compris entre l'insertion des
antennes, se dilatant d'une manière vague un peu au dessus
de celle-ci, à la hauteur de l'échancrure interne des yeux,
puis se rétrécissant en angle aigu jusqu'à la bordure du vertex;
de sorte que la tête paraît ferrugineuse, avec deux grandes
taches obliques sur le front, et une autre arrondie sur les
joues au dessous de l'insertion des antennes, d'un jaune paille
assez pâle. *Labre* transversal; d'un noir brillant. *Palpes* testacés. *Yeux* grands; réniformes; noirs.

Antennes longues; assez grêles; légèrement pubescentes ; grossissant un peu vers l'extrémité ; testacées, avec les cinquième à onzième articles rembrunis à leur sommet : le premier un peu épaissi en massue : le deuxième plus étroit, courtement ovalaire : les troisième à cinquième grêles, cylindriques : le troisième oblong : les quatrième et cinquième allongés, subégaux : les sixième à onzième un peu plus épais, allongés, subégaux : le dernier acuminé au sommet.

Prothorax transversal, près d'une fois plus court que large à sa base ;. un peu plus étroit que les élytres ; très-faiblement et bissinueusement échancré au sommet, sensiblement bissinué à la base ; légèrement arrondi sur les côtés qui sont infléchis, avec les angles antérieurs presque droits, mais émoussés, et les postérieurs aigus et recourbés en arrière ; très-convexe ; finement rebordé à la base et sur les côtés ; sensiblement et arcuément rétréci d'arrière en avant ; assez densement et assez grossièrement, mais peu profondément ponctué ; d'un jaune d'ocre brillant, plus pâle vers les angles antérieurs, avec le rebord latéral un peu plus obscur, le rebord basilaire noir, et deux grandes taches ferrugineuses sur le disque, arquées et ne laissant de la couleur foncière que les bords antérieurs et latéraux, un large espace transversal au milieu de la base, et une faible ligne longitudinale sur le milieu du dos.

Ecusson triangulaire; presque lisse; d'un jaune d'ocre brillant, avec une étroite bordure noire dans tout son pourtour.

Elytres près de deux fois et demie aussi longues que le prothorax ; oblongues ; subcylindriques ; subparallèles jusqu'aux deux tiers de leur longueur ; fortement et simultanément arrondies à leur sommet ; assez convexes ; d'un jaune d'ocre brillant, avec le lobe huméral un peu plus pâle, la suture rembrunie et un étroit liseré noir à la base ; parées chacune de onze lignes de points enfoncés, assez forts, obscurs, rangés en stries, et également marqués jusqu'au sommet : les stries internes obliques antérieurement : la première s'arrêtant un peu avant le milieu où elle tend à rencontrer la suture : la deuxième tendant, sauf une faible interruption, à se réunir postérieurement à la marginale : les troisième et dixième complètement réunies en arrière : les quatrième et cinquième, les huitième et neuvième postérieurement réunies deux à deux un peu avant le sommet : les sixième et septième raccourcies et réunies en arrière. *Intervalles* plans, lisses. *Calus huméral* assez saillant, arrondi, lisse, ferrugineux.

Pygidium revêtu d'une pubescence pâle ; densement et rugueusement ponctué.

Dessous du corps légèrement convexe ; rugueusement ponctué, un peu plus fortement sur les côtés de la poitrine ; brièvement pubescent ; d'une couleur testacée pâle, avec la poitrine d'un noir brunâtre, les épimères et le milieu du ventre d'un ferrugineux plus ou moins obscur.

Pieds robustes ; pubescents ; d'un testacé roussâtre. *Tibias antérieurs* presque droits.

Patrie : Cette espèce a été capturée à Saint-Raphaël par M. Raymond, en battant les Cistes. (Collection Godart.)

Obs. Elle ressemble beaucoup à certaines variétés du *Cr. signaticollis* Suffrian. Elle s'en distingue par une taille plus forte, par la ponctuation de son prothorax et par la couleur de ses antennes.

DESCRIPTION

DE QUELQUES

BRACHÉLYTRES NOUVEAUX OU PEU CONNUS,

PAR

MM. E. MULSANT et Cl. REY.

(Présentée à la Société Linnéenne de Lyon, le 12 novembre 1860.)

Bolitochara flavicollis.

Elongata, leviter convexa, nitidula, luteo-pubescens, lœte rufo-testaceà, pedibus dilutioribus, abdomine ante apicem capiteque nigris, antennarum medio elytrorumque vittâ obliquâ fuscis. Capite grosse punctato. Pronoto suborbiculato, basi obsolete impresso, subtilius punctato, angulis posticis obtusis. Elytris subœqualibus, crebre fortiter punctatis. Abdomine basi sat dense, postice subtilius parciusque punctato.

Long. 0,004. Larg. 0,001.

♂ *Elytres* avec un petit pli longitudinal après le milieu, près de la suture. *Sixième segment de l'abdomen* muni d'une carène longitudinale, postérieurement aiguë, occupant toute la longueur du segment.

♀ *Elytres* et *sixième segment de l'abdomen* simples.

Corps allongé; brillant; légèrement convexe; revêtu d'une pubescence assez serrée, couchée, d'un fauve jaunâtre assez pâle.

Tête subglobuleuse, un peu rétrécie en devant; presque aussi large que le prothorax; assez convexe; marquée d'une ponctuation assez serrée, grossière, mais peu profonde ; d'un noir de poix brillant, avec *les parties de la bouche* d'un roux testacé. *Yeux* arrondis, assez saillants, noirs.

Antennes de la longueur de la tête et du prothorax réunis ; allant graduellement en s'épaississant vers le sommet ; pubescentes ; obscures au milieu, avec les trois ou quatre premiers articles et le dernier d'un roux testacé, et ce dernier assez clair ; à premier article allongé, un peu renflé : les deuxième et troisième un peu plus grêles, allongés, obconiques : le quatrième en cône tronqué, pas plus long que large : les cinquième à dixième transversaux : le dernier obovalaire, acuminé au sommet.

Prothorax subglobuleux, transversal, assez sensiblement moins long que large ; d'un tiers plus étroit que les élytres ; très-étroitement et presque imperceptiblement rebordé sur les côtés et à la base ; obtusément tronqué au sommet et au milieu de la base, avec celle-ci obliquement coupée en dehors ; assez fortement arrondi sur les côtés, qui sont faiblement sinués avant de rencontrer la base ; avec tous les angles infléchis, les antérieurs fortement arrondis et les postérieurs obtus ; légèrement convexe ; d'un roux testacé brillant ; marqué d'une ponctuation assez serrée, peu profonde, assez fine, beaucoup moins forte que celle de la tête et que celle des élytres ; creusé au milieu de sa base d'une impression transversale peu profonde.

Ecusson transversal ; triangulaire ; ponctué ; assez brillant ; rougeâtre.

Elytres presque carrées, à côtés subparallèles ou très-faiblement arrondis avant l'extrémité ; simultanément et légèrement échancrées à la base ; tronquées au sommet et sensiblement sinuées vers les angles postéro-externes ; près d'une fois et demie aussi longues que le prothorax ; faiblement convexes ; subégales ; couvertes d'une ponctuation serrée, assez forte et un peu rugueuse; d'un roux testacé brillant, avec une large bande oblique, obscure, partant de l'écusson, se dirigeant vers les côtés qu'elle rencontre à un tiers de l'angle apical, et quelquefois étendue au point de ne laisser que l'angle sutural étroitement et l'angle huméral largement d'un roux testacé. *Calus huméral* assez saillant; arrondi.

Abdomen subdéprimé; deux fois et deux tiers plus prolongé que les élytres; de la largeur de celles-ci sur son milieu; faiblement arrondi sur les côtés; un peu rétréci à la base et au sommet; d'un roux brillant, avec le cinquième segment et la fine base du sixième d'un noir de poix, et toutes les intersections un peu plus pâles; couvert d'une ponctuation éparse, plus serrée et plus forte à la base, surtout des deuxième, troisième et quatrième segments qui sont transversalement impressionnés à celle-ci.

Dessous du corps convexe; d'un roux brillant; assez densement ponctué, avec le *métasternum* lisse.

Pieds médiocrement allongés; pubescents; d'un testacé plus ou moins pâle.

Patrie : Suisse, environs de Fribourg. Juin. Dans les bolets des sapins.

Obs. Cette espèce, moindre que la *lucida* Gr., plus grande que la *lunulata* Payk., diffère principalement de tous ses congénères par sa couleur d'un rouge plus vif, par son prothorax dont la ponctuation est plus fine et plus légère, et dont les côtés sont bien moins sensiblement sinués avant la base, en sorte que les angles postérieurs sont beaucoup moins droits.

Aleochara læta.

Elongata, sublinearis, subdepressa, nitidula, tenuiter flavo-pubescens, nigra, pronoto piceo, antennarum basi, pedibus, anoque rufo-testaceis, elytris læte rubris, circa scutellum infuscatis. Capite parvo, lævi. Pronoto brevi, subtiliter punctulato, antice angustiore, angulis posticis obtusis. Elytris pronoto vix longioribus, distinctius punctatis, angulo apicali sub-sinuatis. Abdomine subparallelo, parcius punctato. Antennis modice incrassatis.

Long. 0,0025. Larg. 0,0008.

Corps allongé, sublinéaire ; assez brillant ; revêtu d'une pubescence flave, couchée et assez serrée.

Tête globuleuse, sensiblement rétrécie en devant, une fois moins large que le prothorax ; assez convexe ; lisse ; d'un noir brillant, avec les *parties de la bouche* testacées. *Yeux* ovalaires ; peu saillants ; noirs.

Antennes pubescentes ; à peine de la longueur de la tête et du prothorax réunis ; médiocrement épaissies à partir du cinquième article ; brunâtres, avec les quatre premiers articles beaucoup plus pâles : le premier oblong, un peu renflé : les deuxième et troisième un peu plus grêles, allongés, obconiques, subégaux : le quatrième un peu plus épais, faiblement transversal : les sept suivants assez épaissis, formant une massue allongée, subcylindrique, non renflée sur son milieu : les cinquième à dixième courts, fortement transversaux : le dernier obovalaire, tronqué à la base, obtusément acuminé au sommet, aussi long que les deux précédents réunis.

Prothorax court ; transversal ; tronqué au sommet ; largement arrondi sur les côtés et à la base ; de la largeur des élytres à celle-ci ; sensiblement plus étroit en avant, avec les angles antérieurs obtus et fortement infléchis, et les postérieurs très-obtus, presque arrondis ; très-finement rebordé à

la base ; d'un tiers moins long sur son milieu que large en
arrière ; faiblement convexe ; finement et légèrement ponctué ; d'un brun de poix assez brillant, quelquefois avec des
reflets plus ou moins rougeâtres.

Ecusson triangulaire ; noir ; légèrement ponctué.

Élytres en carré transversal ; presque droites ou très-faiblement arrondies sur les côtés ; légèrement et simultanément
échancrées à la base, obliquement et individuellement tronquées au sommet et subsinuées vers l'angle postéro-externe ;
un peu ou à peine plus longues que le prothorax ; déprimées ;
couvertes d'une ponctuation assez serrée, plus distincte et
plus forte que celle du prothorax ; d'un rouge de brique assez
clair et assez brillant, avec la région scutellaire rembrunie.
Calus huméral arrondi, peu saillant.

Abdomen subparallèle ou très-faiblement rétréci au sommet
à partir du sixième segment ; à peine plus étroit que les
élytres à sa base ; près de trois fois plus prolongé que celles-
ci ; faiblement convexe ; largement et épaissement rebordé
sur les côtés ; couvert d'une ponctuation peu serrée, assez
forte, râpeuse, plus rare sur le sixième segment ; d'un noir
de poix assez brillant, avec le septième segment et le bord
apical du sixième d'un roux testacé.

Dessous du corps convexe ; assez fortement et assez densement ponctué ; d'un noir brillant, avec le bord apical des
segments ventraux d'une couleur de poix testacée.

Pieds médiocrement allongés ; pubescents ; d'un roux testacé assez clair.

Patrie : Morgon (Beaujolais). Juin. Sous les pierres.

Obs. Cette petite espèce, qu'on prendrait à première vue
pour l'*Aleochara prætexta* Er., s'en distingue nettement par
sa tête beaucoup moins large, par sa ponctuation plus forte,
par ses élytres d'une couleur plus claire, et par son prothorax plus court, plus large, plus rétréci en devant et à angles

*   7

postérieurs plus obtus. Elle s'éloigne de l'*Aleochara spissi-cornis* Er., par la structure du deuxième article des antennes qui ne paraît pas plus long que le troisième.

Aleochara eurynota.

Subelongata, leviter convexa, nitidula, dense et breviter tenuissime pubescens, nigra, antennarum basi, elytris pedibusque piceis, geniculis anticis et intermediis piceo-testaceis. Capite globoso, lævi. Pronoto brevi, convexo, antice multo angustiore, subtilissime punctulato. Elytris pronoto brevioribus, dense fortius rugoso-punctulatis. Abdomine dense æqualiter reticulato-punctato, apicem versus fortius attenuato. Antennis subelongatis, gracilibus.

Long. 0,0026. Larg. 0,001.

Corps assez allongé; légèrement convexe; assez brillant; d'un noir de poix; couvert d'une pubescence grisâtre, couchée, très-fine, serrée et assez courte.

Tête globuleuse, atténuée en avant; plus d'une fois moins large que la base du prothorax; fortement inclinée; légèrement convexe; lisse; d'un noir très-brillant, avec *les parties de la bouche* couleur de poix. *Yeux* grands; ovalaires; peu saillants; d'un noir opaque.

Antennes finement pubescentes; un peu plus longues que la tête et le prothorax réunis; très-faiblement ou à peine épaissies à partir du cinquième article; d'un noir mat, avec les quatre premiers articles d'un noir brillant, et les premier et deuxième d'une couleur de poix quelquefois un peu roussâtre; le premier article oblong, un peu renflé : les deuxième et troisième un peu plus grêles, allongés, subégaux, obconiques : le quatrième à peu près de l'épaisseur du précédent, pas plus long que large : les cinquième à dixième à peine plus épais que le quatrième, en cône tronqué, légèrement transversaux : le dernier oblong, un peu plus long que les deux précédents réunis, obtusément acuminé au sommet.

Prothorax transversal, très-court ; tronqué au sommet, largement et bissinueusement arrondi à la base ; de la largeur des élytres à celle-ci ; d'une moitié plus étroit en avant qu'en arrière ; près d'une fois moins long sur son milieu que large à sa base ; fortement arrondi sur les côtés, avec tous les angles obtus, arrondis à leur sommet ; très-finement rebordé à la base, laquelle est assez sensiblement sinuée de chaque côté à égale distance entre l'écusson et les épaules ; très-convexe ; d'un noir brillant ; très-légèrement, très-finement et assez densement ponctué.

Ecusson triangulaire ; transversal ; noir ; finement et rugueusement ponctué.

Elytres en carré fortement transversal ; subparallèles ou très-faiblement arrondies sur les côtés ; légèrement et simultanément échancrées à la base, obtusément tronquées au sommet et subsinuées vers l'angle postéro-externe ; sensiblement plus courtes que le prothorax ; subdéprimées ; d'un brun de poix presque noir ; couvertes d'une ponctuation rugueuse, serrée, beaucoup plus forte que celle du prothorax. *Calus huméral* très-peu saillant, arrondi.

Abdomen quatre fois plus prolongé que les élytres, un peu plus étroit que celles-ci à sa base ; se rétrécissant d'une manière sensible à son extrémité, à partir du milieu ; fortement rebordé sur les côtés ; assez convexe sur le disque ; d'un noir assez brillant ; couvert d'une ponctuation réticulée, serrée et uniforme : les deuxième et troisième segments faiblement et transversalement déprimés à leur base : le dernier étroit, très-saillant, en cône tronqué, très-faiblement sinué à son bord apical.

Dessous du corps assez convexe ; d'un noir assez brillant ; densement et finement ponctué.

Pieds assez grêles ; médiocrement allongés ; finement pubescents ; couleur de poix, avec les genoux antérieurs et intermédiaires largement d'un brun plus ou moins testacé.

PATRIE : Environs d'Arcachon (Gironde). Août. Parmi les mousses.

Obs. Cette espèce ressemble beaucoup à l'*Aleochara morion*, GR. ; mais elle est plus grande, son abdomen est beaucoup plus densement ponctué, et ses antennes sont plus grêles. Ce dernier caractère la distingue de tous ses congénères, et lui donne, au premier abord, l'aspect d'un *Tanygnathus*.

VAR. Quelquefois la base des cuisses et même les tibias entiers des pieds antérieurs et intermédiaires sont d'un testacé brunâtre.

Aleochara senilis.

Elongata, subdepressa, nitidula, tenuiter albido-pubescens, atra, antennis pedibusque rufo-brunneis, illis basi femoribusque piceis. Capite grosse punctato, medio lævi. Pronoto elytris paulo angustiore, subtransverso, lateribus leviter rotundato, punctulato, medio obsoletissime sulcato. Elytris pronoto paulo longioribus, dense sat fortiter punctatis. Abdomine parce punctato, segmento 6° apice membranaceo, 7° granulato, 8° conspicuo.

Long. 0,0028. Larg. 0,0014.

Corps allongé ; subdéprimé ; assez brillant ; noir ; couvert d'une pubescence fine et blanchâtre, assez serrée sur le prothorax et les élytres, assez rare sur la tête et l'abdomen.

Tête obovalaire , notablement prolongée derrière les yeux, rétrécie en devant ; beaucoup plus étroite que le prothorax ; assez convexe ; d'un noir brillant ; couverte sur les côtés d'une ponctuation grossière, assez profonde, laissant au milieu un espace longitudinal lisse, assez large. *Parties de la bouche* d'un roux de poix, avec le dernier article des *palpes maxillaires* pâle. *Yeux* assez grands, ovalaires, déprimés, noirs.

Antennes pubescentes ; à peine de la longueur de la tête et du prothorax réunis ; un peu plus épaisses vers l'extrémité ; d'un roux brunâtre, avec les deux articles de la base un peu plus obscurs ; à premier article allongé, en massue très-faiblement renflée : les deuxième et troisième allongés, obconiques, un peu plus grêles que le précédent : le troisième un peu plus long que le deuxième : le quatrième à peine plus épais que le troisième, presque carré : les cinquième à dixième graduellement un peu plus épais, sensiblement transversaux : le dernier aussi épais que le dixième, obovalaire, aussi long que les deux précédents réunis, obtusément acuminé au sommet.

Prothorax légèrement transversal, un peu moins long que large ; un peu plus étroit que les élytres ; tronqué au sommet, sensiblement arqué à la base ; un peu moins large en avant qu'en arrière ; légèrement arrondi sur les côtés, avec les angles antérieurs un peu obtus, très-infléchis, arrondis au sommet, et les postérieurs très-obtus, assez fortement arrondis ; très-faiblement convexe ; très-finement rebordé à la base et sur les côtés ; légèrement mais distinctement ponctué ; d'un noir assez brillant ; marqué sur le dos d'un faible sillon longitudinal, très-obsolète, visible seulement à un certain jour.

Ecusson transversal ; triangulaire ; noir ; brillant ; obsolètement ponctué.

Elytres en carré transversal, presque droites ou très-faiblement arrondies sur les côtés ; simultanément échancrées à la base, individuellement et obtusément tronquées au sommet, et subsinuées vers l'angle postéro-externe ; un peu ou à peine plus longues que le prothorax ; subdéprimées ; d'un noir assez brillant ; assez densement et plus fortement ponctuées que le prothorax. *Calus huméral* peu saillant, arrondi.

Abdomen de la largeur des élytres à sa base ; subparallèle sur les côtés jusqu'au cinquième segment, à partir duquel il se rétrécit jusqu'au sommet d'une manière très-sensible ; trois fois plus prolongé que les élytres ; légèrement convexe sur son milieu ; fortement rebordé sur les côtés ; marqué de points légers et très-espacés ; d'un noir brillant, avec le bord apical du sixième segment pâle et membraneux : le septième en cône transversal , obtusément tronqué au sommet, granuleux et râpeux sur sa surface : le huitième apparent, coni´que, granuleux sur ses bords. *Anus* avec quelques poils redressés, obscurs.

Dessous du corps convexe; d'un noir brillant ; assez densement, râpeusement et légèrement ponctué.

Pieds médiocrement allongés ; pubescents; d'un roux brunâtre avec les genoux et les tarses plus pâles, et les *cuisses* couleur de poix : celles-ci râpeusement ponctuées, ainsi que les *trochanters*.

Patrie : Hyères. Juin. Rare. Sous les détritus marins.

Obs. Cette espèce, très voisine de l'*Aleochara albipila* Muls. et Rey, ne peut pas lui être réunie. Sa taille est constamment moindre; le deuxième article des antennes est un peu plus court que le troisième, tandis que dans l'*albipila* il est évidemment plus long; la ponctuation de la tête et des élytres est un peu plus forte ; enfin, tout le dessus du corps est beaucoup plus brillant, par la raison que sa surface n'est nullement chagrinée dans l'intervalle des points qui la recouvrent.

Oxypoda longipes.

Elongata, fusiformis, leviter convexa, subnitida, tenuiter griseo-pubescens , nigro-fusca , pedibus abdominisque segmentorum maginibus rufo-testaceis; antennis, pronoti lateribus, elytrisque rufo-piceis, his circa scutellum et ad angulum exteriorem late infuscatis. Pronoto basi foveolato. Capite, pronoto elytrisque subtiliter, abdomine subtilissime confertissime-

que , *punctatis, hoc apice attenuato. Antennis gracilibus, articulis inter-*
mediis elongatis.

Long. 0,004. Larg. 0,0015.

♂ *Dernier segment ventral* prolongé en triangle à son
sommet.

♀ *Dernier segment ventral* arrondi au sommet.

Corps allongé, fusiforme ; assez brillant ; couvert d'une pubescence fine, grisâtre, soyeuse, serrée.

Tête arrondie, rétrécie en devant ; une fois moins large
que le prothorax ; légèrement convexe ; très-finement et obsolètement ponctuée ; d'un noir assez brillant, avec les *parties*
de la bouche couleur de poix. *Yeux* ovalaires, assez grands,
peu saillants, noirs.

Antennes pubescentes ; plus longues que la tête et le prothorax réunis ; légèrement épaissies vers leur extrémité ; d'un
roux brunâtre, à peine plus claires à la base ; à premier article en massue : les deuxième et troisième allongés, égaux
entre eux : les quatrième à dixième en cône tronqué : les
quatrième et cinquième un peu plus longs que larges : les
sixième à dixième aussi longs que larges : le dernier fusiforme, aussi long que les deux précédents réunis, acuminé
au sommet.

Prothorax à peine plus étroit que les élytres à sa base ;
transversal, plus d'un tiers moins long que large ; tronqué
au sommet, rétréci en avant, légèrement arrondi à la base,
plus fortement sur les côtés, avec tous les angles obtus, les
antérieurs infléchis ; légèrement convexe en dessus ; finement
et assez densément ponctué ; creusé au milieu de la base
d'une fossette assez large, toujours assez marquée ; d'un noir
de poix assez brillant, avec les bords latéraux souvent un peu
roussâtres.

Ecusson transversal ; triangulaire ; noir ; densement et rugueusement ponctué.

Elytres d'un tiers environ plus longues que le prothorax ; obliquement tronquées au sommet, fortement sinuées près de l'angle postéro-externe ; très-faiblement arrondies sur les côtés ; subdéprimées ; densement et finement ponctuées ; peu brillantes ; roussâtres, avec la région scutellaire et les angles postérieurs large ment rembrunis.

Abdomen sensiblement atténué au sommet ; deux fois et demie plus prolongé que les élytres ; un peu plus étroit que celles-ci à sa naissance ; fortement rebordé sur les côtés ; très-finement et très-densement ponctué ; d'un noir mat, avec les intersections de chaque segment et l'extrémité, d'un testacé plus ou moins roussâtre.

Dessous du corps convexe ; très-densement et très-finement ponctué ; d'un noir mat, avec le bord apical de chaque segment et l'*anus* d'un roux testacé.

Pieds allongés ; pubescents ; d'un roux testacé. *Cuisses* peu renflées. *Tarses postérieurs* aussi longs ou un peu plus longs que les tibias ; à premier article à peine plus long que les deux suivants réunis : les deuxième, troisième et quatrième allongés, subégaux ou allant insensiblement en décroissant : le cinquième sensiblement plus court que les deux précédents réunis.

Patrie : Lyon, Morgon. En compagnie de la *Formica fuliginosa*.

Obs. Cette espèce ne diffère de l'*Oxypoda vittata*, Mark., que par ses antennes moins obscures, et la forme plus allongée des articles intermédiaires des tarses postérieurs ; de sorte que leur premier article, tout aussi long que dans la *vittata* et la *luteipennis*, au lieu d'être, comme dans ces espèces, aussi long que les trois suivants réunis, est à peine plus long que les deux suivants réunis : le cinquième, restant aussi le même, au lieu d'être beaucoup plus long que les deux précédents réunis, est beaucoup plus court que ceux-ci.

Oxypoda induta.

Elongata, leviter convexa, confertim subtiliter punctulata, parum nitida, dense tenuiter sericeo-pubescens, nigro-picea, elytris fuscis, abdominis basi et apice rufo-piceis, antennarum basi pedibusque testaceis. Pronoto obsolete canaliculato. Abdomine postice leviter angustato.

Long. 0,003. Larg. 0,0008.

Corps allongé, un peu rétréci en avant et en arrière ; peu brillant ; couvert d'une pubescence soyeuse, grisâtre et serrée.

Tête globuleuse, sensiblement rétrécie en devant en forme de rostre ; d'un tiers moins large que le prothorax ; assez convexe ; densement et distinctement ponctuée ; d'un noir peu brillant. *Parties de la bouche* testacées, avec le pénultième article des *palpes maxillaires* rembruni. *Yeux* assez grands, arrondis, peu saillants, noirs.

Antennes pubescentes ; de la longueur de la tête et du prothorax réunis ; un peu plus épaisses vers leur extrémité ; obscures, avec les deux premiers articles plus ou moins testacés ; à premier acticle renflé : les deuxième et troisième allongés, obconiques, subégaux : les quatrième à dixième transversaux et graduellement un peu plus courts en approchant de l'extrémité : le dernier, en ovale allongé, acuminé au sommet, presque aussi long que les deux précédents réunis.

Prothorax transversal, d'un quart moins long que large ; à peu près aussi large que les élytres à sa base ; un peu plus étroit en avant qu'en arrière ; tronqué au sommet, faiblement arrondi sur les côtés de la base, légèrement sinué au milieu de celle-ci ; latéralement comprimé en devant ; assez fortement arrondi sur les côtés, avec les angles postérieurs obtus et les antérieurs arrondis et infléchis ; faiblement convexe ; d'un noir de poix peu brillant ; densement et finement ponctué, et creusé sur son milieu d'un sillon longitudinal plus ou moins obsolète, toujours plus large et plus marqué vers la base.

Ecusson triangulaire ; assez grand ; finement et rugueusement ponctué ; noirâtre.

Elytres sensiblement plus longues que le prothorax ; tronquées au sommet, sinuées près de l'angle postéro-externe ; subdéprimées ; finement, densement et légèrement ponctuées ; peu brillantes ; brunâtres, avec l'extrémité quelquefois un peu plus claire. *Calus huméral* peu saillant, arrondi.

Abdomen deux fois et demie plus prolongé que les élytres ; légèrement atténué au sommet ; très-finement chagriné ; d'un noir opaque, avec les trois premiers segments d'un roux brunâtre, l'extrémité du sixième et le septième en entier d'un roux de poix.

Dessous du corps assez convexe ; très-finement ponctué ; d'un noir de poix, avec l'*anus* roussâtre.

Pieds pubescents ; testacés. *Cuisses* assez renflées, latéralement comprimées.

Patrie : Lyon, Morgon. Dans les vieux fagots.

Obs. Cette espèce ne diffère de l'*Oxypoda umbrata* Gyl., que par sa forme beaucoup plus étroite, et par ses antennes plus obscures, plus courtes, à articles intermédiaires plus transversaux.

Var. Dans les individus récemment transformés le prothorax et les élytres sont souvent d'un roux ferrugineux.

Oxypoda perplexa.

Elongata, subnitida, leviter convexa, tenuiter brevissime cinereo-pubescens, punctulata, rufo-castanea, capite piceo, antennis rufo-testaceis, pedibus dilutioribus. Abdomine postice subattenuato et longius pilosello, opaco, obscuro, apice segmentorumque margine postico rufo-piceis.

Long. 0,0023. Larg. 0,0007.

Corps allongé; assez brillant, avec l'abdomen mat; couvert d'une pubescence fine, très-courte et cendrée.

Tête arrondie; beaucoup plus étroite que le prothorax; rétrécie en devant; couverte d'une pubescence fine, cendrée, très-courte et assez serrée; très-finement ponctuée; d'une couleur de poix assez brillante, avec la partie antérieure plus claire. *Front* assez convexe. *Parties de la bouche* d'un testacé roussâtre. *Yeux* petits; subdéprimés; obovales; brunâtres.

Antennes de la longueur de la tête et du prothorax réunis; un peu plus épaisses vers l'extrémité; pubescentes; entièrement d'un testacé roussâtre; à premier article oblong, un peu épaissi : les deuxième et troisième plus grêles et plus courts, subégaux, obconiques : les quatrième à dixième transversaux, graduellement un peu plus épais en approchant du sommet : le dernier ovoïde, un peu plus court que les précédents réunis, très-obtusément acuminé à son extrémité.

Prothorax légèrement transversal, un peu moins long que large; de la largeur des élytres à sa partie postérieure; tronqué au sommet, largement arrondi à la base; très-finement rebordé à celle-ci, quelquefois très-faiblement sinué au dessus de l'écusson; passablement arrondi sur les côtés, avec les angles antérieurs et postérieurs obtus; faiblement convexe; couvert d'une pubescence très-fine et assez serrée; densement et très-finement ponctué; assez brillant; d'un châtain un peu roussâtre, quelquefois un peu plus obscur; marqué au milieu de la base d'une impression obsolète, souvent nulle ou peu visible.

Ecusson très-petit, triangulaire, obscur.

Elytres en carré transversal; de la longueur du prothorax; presque droites ou très-faiblement arquées sur les côtés; fortement sinuées près des angles postéro-externes; subdépri-

mées ; finement pubescentes ; très-densement et finement
ponctuées ; assez brillantes ; d'un châtain roussâtre, quelquefois assez clair, d'autres fois plus obscur, avec la région scutellaire toujours un peu plus rembrunie. *Calus huméral* très-
peu saillant, subdéprimé.

Abdomen un peu plus étroit à sa base que les élytres ; trois
fois plus prolongé que celles-ci ; graduellement mais visiblement rétréci à sa partie postérieure, à partir du milieu ; très-
finement pubescent ; garni en outre, à son extrémité et à la
partie postérieure des côtés, de longs poils obscurs, plus ou
moins fasciculés ; finement chagriné ; obscur, peu brillant,
presque mat, avec les deuxième, troisième, quatrième et cinquième segments étroitement bordés de roux testacé à leur
extrémité : le sixième rembruni à la base, graduellement de
plus en plus roussâtre à son sommet : le dernier entièrement
roussâtre, arrondi à son bord postérieur.

Dessous du corps assez convexe ; très-finement pubescent ;
très-finement et densement ponctué ; peu brillant, obscur,
avec l'*anus* et le bord apical des segments ventraux roussâtres.

Pieds peu allongés ; finement pubescents ; testacés. *Cuisses*
peu épaissies. *Tarses* assez grêles.

PATRIE : Hyères, Marseille. Avril. Sous les débris végétaux
accumulés sur les bords des marais saumâtres.

Obs. Cette espèce diffère de l'*Oxypoda exoleta* ER. par son
prothorax moins rétréci en avant, sa ponctuation plus visible,
son abdomen plus obscur, et par sa taille plus grande. Elle
est beaucoup plus étroite et moins brillante que l'*Oxypoda
exoleta* MULS. et REY.

Homalota subrecta.

Elongata, linearis, subdepressa, nitidula, cinereo-pubescens, nigra, antennis rufo-brunneis basi dilutioribus, pedibus elytrisque testaceis, his rugoso-punctulatis, circa scutellum angulisque apicis infuscatis. Capite sublœvigato. Pronoto leviter transverso, basi obsoletè impresso, subtiliter punctulato. Abdominis segmentis 2-4 parcè subtiliter punctatis, cœteris lœvigatis.

Long. 0,0032; Larg. 0,0008.

♂ *Septième segment abdominal* obtusément crénelé à son bord apical.

♀ *Septième segment abdominal* largement arrondi à son bord apical.

Corps allongé; subdéprimé; brillant; revêtu d'une pubescence cendrée, couchée, assez courte et assez serrée.

Tête légèrement transversale; postérieurement arrondie; un peu rétrécie en avant des antennes; un peu plus étroite que le prothorax; faiblement convexe; légèrement pubescente; d'un noir brillant, avec les *parties de la bouche* d'un brun roussâtre; presque lisse ou avec quelques points obsolètes sur les côtés, derrière les *yeux* : ceux-ci plus saillants; subarrondis; noirs.

Antennes un peu plus longues que la tête et le prothorax réunis; un peu plus épaisses vers l'extrémité; pubescentes; brunâtres, avec les deux ou trois premiers articles d'une couleur un peu plus claire : à premier article allongé, un peu épaissi : les deuxième et troisième un peu plus courts et un peu plus grêles, allongés, obconiques, subégaux : le quatrième à peine plus large que le précédent, légèrement transversal : les cinquième à dixième plus épais, assez fortement transversaux : le dernier oblong, acuminé au sommet, à peine aussi long que les deux précédents réunis.

Prothorax un peu plus étroit que les élytres ; presque carré ; légèrement transversal ; un peu moins large postérieurement ; tronqué au sommet, largement arrondi à la base, faiblement subsinué au milieu de celle-ci au devant de l'écusson ; très-finement rebordé en arrière et sur les côtés ; légèrement arrondi avant le milieu de ceux-ci qui sont faiblement sinués à la base, avec les angles antérieurs fortement et les postérieurs obtusément arrondis ; faiblement convexe ; finement pubescent ; d'un noir brillant ; légèrement, finement, mais assez distinctement pointillé, et marqué à la base d'une impression transversale obsolète.

Ecusson triangulaire ; pointillé ; d'un noir de poix.

Elytres presque carrées ; subparallèles sur les côtés ; un peu plus longues que le prothorax ; obtusément tronquées au sommet ; déprimées ; couvertes d'une pubescence cendrée et couchée ; densement et rugueusement pointillées ; d'un testacé un peu roussâtre, avec la région scutellaire et l'angle apical rembrunis. *Calus huméral* assez saillant, légèrement arrondi.

Abdomen un peu plus étroit que les élytres ; deux fois et demie plus prolongé que celles-ci ; subparallèle et assez fortement rebordé sur les côtés ; un peu rétréci au sommet, à partir du sixième segment ; cilié sur les côtés et vers l'extrémité de quelques poils obscurs ; légèrement convexe ; d'un noir brillant ; finement mais peu densement ponctué sur les quatre premiers segments, lisse sur les cinquième, sixième et septième : celui-ci concolore ou d'un noir de poix un peu roussâtre.

Pieds assez forts ; pubescents ; d'un testacé un peu roussâtre. *Cuisses* passablement épaissies, comprimées. *Tarses* assez longs.

Patrie : Beaujolais. Septembre. Dans les champignons.

Obs. Cette espèce est facile à confondre avec l'*Homalota*

sublinearis, Kraatz. Elle s'en distingue par sa forme encore
plus linéaire, sa ponctuation un peu plus forte, ses élytres
plus déprimées, ses antennes un peu plus longues, un peu
moins épaisses, à quatrième à dixième articles moins transversaux, et enfin par le septième segment abdominal des ♂
plus obtusément et moins finement crénelé, à dents latérales
moins aiguës et moins saillantes.

Homalota paradoxa.

*Subelongata, crassiuscula, leviter convexa, parùm nitida, densiùs bre-
vissimè griseo-pubescens, tenuiter densè punctulata, nigro-picea, pedibus
antennisque fusco-testaceis, his basi piceis. Pronoto transverso, æquali,
basi utrinque subsinuato, angulis posticis obtusis. Abdominis segmentis
2-4 densè, 5° et 6° parciùs obsoletiùsque punctulatis. Antennis validio-
ribus, pilosellis.*

Long. 0,002; larg. 0,0008.

Corps passablement allongé; assez épais; légèrement convexe; d'un noir peu brillant; couvert d'une pubescence fine,
courte, serrée, grisâtre.

Tête transversale; un peu rétrécie en devant; d'un tiers
plus étroite que le prothorax; assez convexe; assez densement, finement et légèrement ponctuée; d'un noir assez
brillant, avec les *parties de la bouche* d'une couleur de poix
un peu testacée, et les *palpes maxillaires* beaucoup plus
pâles. *Yeux* subarrondis; très-peu saillants; d'un noir un
peu grisâtre.

Antennes assez robustes; à peine plus longues que la tête
et le prothorax réunis; assez fortement épaissies vers l'extrémité à partir du quatrième article; distinctement pilosellées;
d'un testacé obscur, avec les trois premiers articles encore
plus rembrunis; à premier article légèrement épaissi, oblong:

les deuxième et troisième un peu moins épais, oblongs, obconiques, subégaux : le quatrième un peu plus large que le
précédent, assez fortement transversal; les cinquième à
dixième plus épais que le quatrième, fortement transversaux,
graduellement et insensiblement plus épais en approchant de
l'extrémité : le dernier obovalaire, acuminé au sommet, aussi
long que les deux précédents réunis.

Prothorax transversal; à peine moins large à sa base que
les élytres; d'un tiers moins long que large; un peu plus
étroit en avant; tronqué au sommet; largement et obtusément arrondi au milieu de la base, et subsinué à celle-ci près
des angles postérieurs au devant des épaules; très-finement
rebordé en arrière, médiocrement arrondi sur les côtés, avec
les angles antérieurs fortement arrondis, infléchis, et les
postérieurs obtus, mais bien marqués; légèrement convexe;
d'un noir de poix peu brillant; très-finement, très-légèrement, densement et rugueusement ponctué; couvert d'une
pubescence fine, grisâtre, courte et serrée.

Ecusson petit; triangulaire; rugueux; noirâtre.

Elytres un peu plus longues que le prothorax; en carré
transversal; obtusément tronquées au sommet; subparallèles
ou très-faiblement arrondies sur les côtés; légèrement sinuées
près des angles postéro-externes; subdéprimées ou très-faiblement convexes; d'un noir de poix peu brillant; très-finement,
légèrement, densement et rugueusement ponctuées; revêtues
d'une pubescence fine, grisâtre, courte et serrée. *Calus huméral* peu saillant, arrondi.

Abdomen assez épais; aussi large que les élytres; deux fois
plus prolongé que celles-ci; fortement et largement rebordé
sur les côtés; légèrement arrondi à ceux-ci; graduellement
rétréci vers son sommet à partir du milieu; subdéprimé à la
base, postérieurement assez convexe; d'un noir assez brillant,
avec l'extrémité couleur de poix; finement, densement et

rugueusement pointillé sur les deuxième, troisième et quatrième segments et la base du cinquième, éparsement et obsolètement pointillé sur le reste de sa surface; revêtu d'une pubescence fine, grisâtre, courte et serrée sur les quatre premiers segments, plus longue et éparse sur les cinquième et sixième; cilié en outre sur les côtés de quelques poils obscurs.

Dessous du corps assez convexe; finement pubescent; obsolètement pointillé; d'un noir de poix assez brillant, avec l'*anus* un peu peu roussâtre.

Pieds médiocrement allongés; pubescents; d'un testacé de poix, avec les *cuisses* un peu plus sombres, les *genoux* et les *tarses* plus pâles : ceux-ci assez grêles.

Patrie: Morgon. Parmi les feuilles mortes et décomposées.

Obs. Cette espèce se distingue de toutes ses voisines par ses antennes plus robustes. Elle diffère de l'*Homalota subsinuata* Er. par sa taille moindre et son prothorax égal; de l'*Homalota parens* Muls. et Rey par son abdomen plus épais, plus large, plus densement ponctué à la base.

Myrmedonia excepta.

Elongata, leviter convexa, parcè cinereo-pubescens, nitidissima, nigra, antennis pedibusque piceo-rufis. Capite pronotoque sublævigatis. Elytris subtiliter rugoso-punctatis. Abdomine angusto, subparallelo, dorso sublævigato, lateribus parcè rugoso-punctato. Clypeo labroque medio carinulatis.

Long. 0,0042; larg. 0,0012.

♂ *Deuxième segment abdominal* muni sur son milieu d'un tubercule dentiforme élevé, saillant, dirigé en arrière. Le *troisième* muni au milieu de son bord postérieur d'un tubercule beaucoup plus petit et moins saillant. Le *sixième* surmonté sur son milieu d'une carène longitudinale aiguë.

Corps allongé; presque lisse; très-brillant; noir; revêtu d'une pubescence cendrée, courte et rare.

8

Tête transversale ; un peu plus étroite que le prothorax, rétrécie en devant ; tronquée au sommet, arrondie sur les côtés en arrière des yeux ; presque lisse ; très légèrement pubescente ; d'un noir brillant, avec la partie située en avant de l'insertion des antennes roussâtre, excavée et longitudinalement carénée sur son milieu. *Front* légèrement, *vertex* assez fortement convexes. *Labre* transversal ; couleur de poix ; longitudinalement caréné sur son milieu. *Mandibules* d'un testacé pâle. *Palpes maxillaires* ciliés ; d'un roux testacé. *Yeux* ovalaires ; peu saillants ; brunâtres.

Antennes fortes, graduellement épaissies vers le sommet ; un peu plus longues que la tête et le prothorax réunis ; pubescentes ; d'un roux un peu obscur, avec le premier article un peu plus clair : celui-ci allongé en massue : les deuxième et troisième plus courts, oblongs, obconiques : le troisième plus épais que le précédent : les quatrième à dixième transversaux, graduellement un peu plus courts et plus épais en approchant de l'extrémité : le dernier oblong, aussi long que les deux précédents réunis, obtusément acuminé à son sommet.

Prothorax court ; transversal ; près d'une moitié moins long que large, un peu plus étroit que les élytres ; subtronqué ou très-faiblement échancré au sommet ; très-largement arrondi aux angles postérieurs et à la base ; très-finement rebordé à celle-ci, ainsi que sur les côtés ; fortement arrondi à ceux-ci avant leur milieu, avec les angles antérieurs peu saillants, obtus et arrondis ; faiblement convexe ; relevé sur les côtés et à la base, déprimé sur le dos, où il paraît à un certain jour comme longitudinalement et obsolètement sillonné sur son milieu, surtout en arrière ; presque lisse ; légèrement pubescent ; d'un noir très-brillant, tirant un peu sur le roux de poix vers les angles antérieurs.

Ecusson petit ; triangulaire ; glabre ; lisse ; brillant ; noir

Elytres en carré transversal ; à peine plus longues que le prothorax ; largement et simultanément échancrées à la base ; individuellement et obtusément tronquées ou faiblement arrondies à leur sommet ; très-légèrement sinuées près des angles extérieurs ; faiblement arrondies sur les côtés ; légèrement convexes, avec une faible dépression longitudinale, oblique, derrière les épaules ; finement, légèrement et ru‑gueusement ponctuées ; d'un noir brillant, et revêtues d'une pubescence fine, cendrée et peu abondante. *Calus huméral* assez saillant ; arrondi.

Abdomen allongé ; trois fois et demie plus prolongé que les élytres ; subparallèle ou très-faiblement rétréci au sommet à partir du sixième segment ; muni latéralement d'un rebord très-élevé ; paré de quelques poils très-rares et courts ; presque lisse ou obsolètement et éparsement ponctué sur le dos, plus distinctement, plus densement et rugueusement sur les côtés, surtout en arrière où cette ponctuation est plus étendue sur le sixième segment ; peu convexe, avec les deuxième, troisième et quatrième segments transversalement déprimés à leur base ; d'un noir brillant, avec les intersections du rebord latéral d'une couleur de poix testacée, et le bord apical du sixième segment garni d'une membrane pâle : le septième obtusément tronqué à son extrémité et inégal à sa tranche-posticale.

Dessous du corps convexe ; finement pubescent ; rugueuse‑ment ponctué ; d'un noir brillant, avec le bord apical des segments ventraux, surtout sur les côtés, d'une couleur de poix testacée.

Pieds assez allongés ; pubescents ; d'un roux ferrugineux un peu obscur. *Cuisses* peu épaissies. *Tarses* assez grêles.

Patrie : Environs de Marseille, entre la station du Pas-des-Lanciers et Marignane. Mai. Au pied d'un arbre, en compa-gnie de fourmis.

Obs. Cette espèce, dont nous n'avons vu que le ♂, est voisine des *Myrmedonia rigida* En. et *tuberiventris* Fairm. ; mais elle en diffère par le dessus du corps beaucoup plus lisse, et par la carène du sixième segment abdominal des ♂.

Gyrophæna rugipennis.

Brevis, leviter convexa, nitidula, parcè griseo-pubescens, nigro-picea, antennarum basi pedibusque testaceis ; pronoti basi et lateribus, abdominis basi elytrisque rufo-testaceis, his angulo apicali latè infuscato. Capite lateribus fortiter transverso, basi rugoso-punctulato, dorso crebriùs profundè biseriatim punctato. Elytris crebrè fortiùs rugoso-punctatis. Abdomine lœvigato.

Long. 0,0016 ; larg. 0,0007.

♂ *Sixième segment abdominal* surmonté de six petits replis ou carènes obliques,

♀ *Sixième segment abdominal* simple.

Corps assez court; peu convexe; brillant; couvert d'une pubescence grisâtre et peu serrée.

Tête transversale; sensiblement plus étroite que le prothorax; faiblement convexe; presque glabre; lisse au milieu; fortement, grossièrement, mais peu densement ponctuée sur les côtés; d'un noir brillant, avec les *parties de la bouche* d'un testacé de poix. *Yeux* assez gros; subarrondis; médiocrement saillants; noirâtres.

Antennes courtes, de la longueur de la tête et du prothorax réunis; pubescentes et pisellées; assez fortement épaissies extérieurement à partir du cinquième article ; d'un roux brunâtre, avec les trois premiers articles testacés : le premier allongé, un peu épaissi : le deuxième à peine plus court, mais plus grêle, allongé : le troisième oblong, encore plus court et plus grêle que le précédent : le quatrième un peu

plus épais, mais beaucoup plus court que le troisième, légèrement transversal : les cinquième à dixième beaucoup plus
épais, fortement transversaux : le dernier brièvement ovalaire, subacuminé au sommet, presque de la longueur des
deux précédents réunis.

Prothorax fortement transversal, d'une moitié moins long
que large ; beaucoup plus étroit que les élytres ; très-largement échancré au sommet ; largement et obtusément arrondi
à la base ; assez fortement rebordé à celle-ci, beaucoup plus
finement sur les côtés ; subtronqué ou faiblement subsinué
au devant de l'écusson ; très-légèrement arrondi sur les côtés,
avec les angles antérieurs droits, infléchis, et les postérieurs
très-obtus : les uns et les autres arrondis à leur sommet ; faiblement convexe ; presque glabre ; brillant ; d'une couleur de
poix sur le disque, avec les côtés et la base largement et graduellement d'un roux testacé ; transversalement déprimé et
rugueusement ponctué à la base ; creusé sur le milieu du dos
d'une double série de points enfoncés, bien marqués et nombreux, et sur les côtés d'une autre rangée de points semblables, arquée, raccourcie en devant, située assez loin du rebord latéral.

Ecusson petit ; triangulaire ; glabre ; lisse ; d'un roux testacé.

Elytres en carré transversal ; d'une moitié plus longues que
le prothorax ; subparallèles sur les côtés ; obtusément tronquées au sommet ; légèrement convexes ; pubescentes ; densement, rugueusement et assez fortement ponctuées ; d'un
testacé roussâtre, avec l'angle apical externe largement rembruni.

Abdomen assez court, une fois et demie plus prolongé que
les élytres ; presque aussi large que celles-ci ; épaissement rebordé et légèrement arrondi sur les côtés ; un peu rétréci en
arrière à partir du milieu ; subdéprimé ; glabre sur le dos,
légèrement pilosellé sur les côtés ; d'un noir de poix brillant,

avec les deuxième et troisième segments d'un roux testacé, et les sixième et septième un peu roussâtres.

Dessous du corps convexe; pubescent; d'un noir de poix brillant, avec la base du *ventre* rouge et l'*anus* roussâtre.

Pieds assez courts; assez grêles; finement pubescents ; testacés. *Cuisses* très-peu épaissies.

PATRIE : Grande-Chartreuse. Juillet. Dans les bolets.

Obs. Cette espèce se distingue de la *Gyrophœna nana*, PAYK., par sa taille moindre, ses antennes plus obscures, ses élytres plus fortement ponctuées, et par son prothorax rugueusement ponctué à la base, à séries dorsales beaucoup plus marquées.

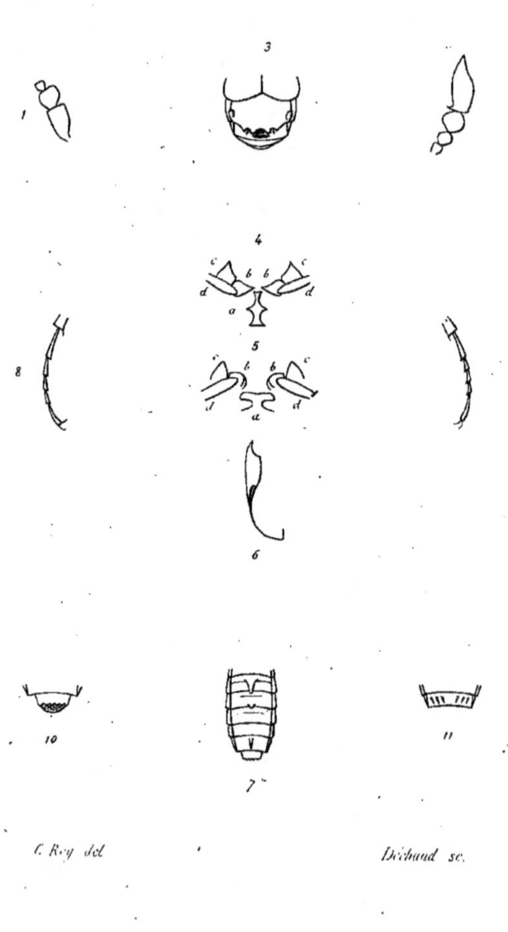
C. Rey del
Dechaud sc.
imp. Fugère, Lyon

EXPLICATION DE LA PLANCHE.

Fig. 1. Premiers articles des antennes du *Bythinus nigrinus* ♂.

2. Derniers articles des antennes du *Batrisus piceus* ♂.

3. Abdomen du *Bryaxis globulicollis* ♂.

4. *Theca byrrhoïdes.*
    a. Mésosternum.
    bb. Hanches antérieures.
    cc. Angles antérieurs du prothorax.
    dd. Cuisses antérieures.

5. *Dorcatoma dresdense.*
    a. Mésosternum.
    bb. Hanches antérieures.
    cc. Angles antérieurs du prothorax.
    dd. Cuisses antérieures.

6. Repli des élytres du *Theca byrrhoïdes.*

7. Abdomen du *Myrmedonia excepta* ♂.

8. Tarse postérieur de l'*Oxypoda longipes.*

9. Tarses postérieurs de l'*Oxypoda vittata.*

10. Septième arceau de l'abdomen de l'*Homalota elongata* ♂.

11. Sixième arceau de l'abdomen du *Gyrophœna rugipennis* ♂.

DESCRIPTION

DE

QUELQUES COLÉOPTÈRES NOUVEAUX

OU PEU CONNUS

ET

DE DEUX GENRES NOUVEAUX,

PAR

E. MULSANT et Cl. REY.

(Lue à la Société Linnéenne de Lyon.)

Anisotoma geniculata.

Breviter ovalis, fortiter convexa, nitida, subglabra, rufo-testacea, anten-narum clava geniculisque leviter infuscatis. Capite pronotoque subtiliter punctulatis; hoc basi subbissinuato, angulis posticis obtusis, rotundatis. Elytris fortius punctato-striatis, interstitiis sublævigatis, alternis seriatim parce punctatis.

Long. 0,003. Larg. 0,002.

♂ *Tarses antérieurs* et *intermédiaires* légèrement dilatés. *Cuisses postérieures* terminées en dessous par une dent large, comprimée, aiguë. *Tibias postérieurs* allongés, grêles, fortement recourbés.

♀ *Tarses antérieurs* et *intermédiaires* simples. *Cuisses postérieures* simples, arrondies en dessous à leur sommet. *Tibias postérieurs* assez courts, assez épais, presque droits.

Corps en ovale court, fortement convexe, presque glabre,

ou avec quelques rares poils obsolètes, jaunâtres, sur les côtés des élytres ; entièrement d'un roux testacé plus ou moins
clair, avec la massue des antennes et les genoux légèrement
rembrunis.

Tête transversale, presque trois fois moins large que la base
du prothorax ; légèrement convexe ; glabre ; d'un roux testacé brillant ; couverte d'une ponctuation assez visible et assez serrée. *Front* marqué de quatre gros points disposés
transversalement, deux à deux. *Parties de la bouche* d'un
roux testacé, avec le sommet des mandibules rembruni. *Labre*
transversal, assez fortement échancré au milieu de son bord
apical. *Yeux* assez gros, légèrement saillants, subarrondis,
noirs.

Antennes finement pubescentes, atteignant le milieu du
prothorax ; d'un roux testacé, avec la massue légèrement
rembrunie ; à premier article un peu épaissi, oblong : les
deuxième et troisième obconiques : le troisième à peine plus
long que le précédent : le quatrième à peine plus long que
large : les cinquième et sixième transversaux : les septième,
neuvième, dixième et onzième très-épais, formant une massue oblongue : le huitième petit, fortement transversal, beaucoup plus étroit que ceux qui lui sont contigus : les septième,
neuvième et dixième transversaux : le dernier court, ovalaire,
tronqué à la base, subitement acuminé au sommet.

Prothorax transversal, de la largeur des élytres sur son milieu, une fois moins long que large ; largement échancré au
sommet, faiblement bissinué à la base ; assez fortement arrondi sur les côtés, avec les angles antérieurs un peu obtus,
à peine émoussés, et les postérieurs obtus, arrondis à leur
sommet et faiblement prolongés en arrière ; très-finement
rebordé sur les côtés et à la base ; présentant sa plus grande
largeur un peu après le milieu ; convexe ; glabre ; d'un roux
testacé brillant ; couvert d'une ponctuation fine, légère, un

peu plus faible et un peu moins serrée que celle de la tête.

Ecusson grand, triangulaire, finement ponctué, d'un roux testacé brillant, plus ou moins obscur.

Elytres ovalaires, environ deux fois et demie plus longues que le prothorax ; assez fortement convexes ; un peu atténuées en arrière, légèrement arrondies sur les côtés ; d'un roux testacé brillant, avec la suture quelquefois légèrement et étroitement rembrunie ; glabres, ou avec quelques rares poils courts, caducs, peu visibles, sur les côtés ; creusées chacune de neuf stries faibles, assez fortement ponctuées ; la suturale profonde, surtout en arrière, à partir du milieu ; l'extérieure située sur la marge latérale elle-même. *Partie réfléchie* plane, presque lisse. *Intervalles* subdéprimés, presque lisses, parés alternativement d'une série de gros points, passablement espacés. *Epaules* presque rectangulaires, légèrement arrondies.

Dessous du corps faiblement convexe, légèrement pubescent, d'un roux testacé brillant. *Ventre* et côtés de la *poitrine* obsolètement ponctués ; celle-ci présentant sur son milieu un espace lisse, entouré d'un cercle de points plus serrés et de poils plus fournis.

Pieds assez longs ; pubescents ; d'un roux testacé plus ou moins clair. *Cuisses* comprimées. *Tibias* fortement épineux à leur tranche externe. *Genoux* un peu rembrunis.

PATRIE : Suisse. Juin.

Obs. Cette espèce, bien voisine de l'*An. calcarata* Er., s'en éloigne par sa couleur toujours plus claire, sa forme un peu plus ramassée ; le troisième article des antennes proportionnellement un peu moins long, et surtout par la base du prothorax moins fortement bissinuée , et les angles postérieurs moins droits, plus arrondis.

Agathidium dentatum.

Breve, globosum, fortiter convexum, glabrum, nitidum, obsoletissime punctulatum, nigrum, pronoti limbo et elytrorum apice rufo-piceis; pagina corporis inferiore, antennis pedibusque rufo-ferrugineis. Elytris stria suturali nulla, lateribus cum humeris late rotundatis.

Long. 0,002. Larg. 0,0018.

♂ *Tarses antérieurs* assez fortement, les *intermédiaires* légèrement dilatés à leur base. *Cuisses postérieures* terminées en dessous par une dent large, comprimée, aiguë.

♀ *Tarses antérieurs* et *intermédiaires* simples. *Cuisses postérieures* arrondies en dessous à leur sommet.

Corps court, globuleux, très-convexe, pouvant se contracter en boule, glabre en dessus, très-obsolètement ponctué; d'un noir brillant, avec le sommet des élytres et les bords du prothorax plus ou moins roussâtres.

Tête large, transversale, une fois plus étroite que le prothorax; faiblement convexe, glabre, presque lisse, d'un noir brillant. *Parties de la bouche* d'un roux ferrugineux, avec les *mandibules* un peu plus obscures. *Yeux* irréguliers, peu saillants, noirâtres.

Antennes assez longues, velues, atteignant la base du prothorax, entièrement d'un roux ferrugineux; à premier article oblong, épaissi : le deuxième oblong, plus grêle, cylindrique: le troisième allongé, un peu plus grêle et une fois et demie plus long que le précédent : les quatrième à sixième grenus, subégaux : les septième et huitième transversaux : les neuvième, dixième et onzième formant une massue assez brusque, allongée : les neuvième et dixième sensiblement transversaux : le dernier courtement ovalaire, obtusément acuminé au sommet.

Prothorax transversal, un peu plus large que les élytres

qu'il embrasse à sa base ; trois fois moins long que large ; bissinueusement échancré au sommet, largement arrondi à la base , légèrement sur les côtés , avec les angles antérieurs sensiblement, et les postérieurs fortement arrondis ; très-convexe ; très-finement rebordé dans son pourtour, excepté au milieu de la base et dans une assez grande étendue ; glabre ; d'un noir brillant, avec une transparence d'un roux de poix, plus ou moins développée, dans toute sa périphérïe ; couvert d'une ponctuation très-légère , très-obsolète, mais toujours plus ou moins distincte.

Ecusson grand, triangulaire, presque lisse, d'un noir brillant.

Elytres courtes, globuleuses, deux fois plus longues que le prothorax, distinctement rebordées sur les côtés, sensiblement arrondies à ceux-ci ; un peu atténuées au sommet ; glabres ; très-convexes ; sans strie suturale ; d'un noir brillant, avec le sommet, près de l'angle interne, d'un roux de poix ; couvertes d'une ponctuation très-légère, très-obsolète, mais toujours plus ou moins visible. *Epaules* nulles, largement et simultanément arrondies avec les côtés.

Dessous du corps déprimé, d'un roux ferrugineux. *Poitrine* finement chagrinée. *Ventre* pubescent, rugueusement ponctué.

Pieds médiocres, finement pubescents, d'un roux ferrugineux. *Cuisses* comprimées. *Tibias* et *tarses* assez densement ciliés de poils jaunâtres.

Patrie : Grande-Chartreuse. Bugey. Juin, Juillet. Dans le sapin pourri.

Obs. Cette espèce est bien voisine de l'*Agathidium badum* Er. Mais la couleur est toujours plus noire ; les antennes sont plus longues ; les tarses antérieurs des ♂ sont plus dilatés ; la dent des cuisses postérieures, chez le même sexe, est plus aiguë.

Agathidium globosum.

Breve, globosum, fortiter convexum, glabrum, nitidum, sublœve, nigrum, pronoti limbo laterali rufo-picescente, pedibus antennisque rufis, harum clava leviter infuscata. Elytris stria suturali abbreviata, humeris obtusis, subrotundatis.

Long. 0,0017. Larg. 0,0014.

♂ *Tarses antérieurs* et *intermédiaires* légèrement dilatés à leur base. *Mandibule gauche* un peu plus développée que la droite.

♀ *Tarses antérieurs* et *intermédiaires* simples. *Mandibules* égales.

Corps court, globuleux, très-convexe ; glabre en dessus, presque lisse ; d'un noir brillant, avec les côtés du prothorax d'un roux de poix.

Tête transversale, presque aussi large que la moitié du prothorax ; faiblement convexe, presque lisse, d'un noir brillant. *Parties de la bouche* roussâtres, avec les *palpes* plus clairs, et la pointe des *mandibules* rembrunie. *Yeux* irréguliers, assez grands, noirâtres.

Antennes pubescentes, atteignant la base du prothorax, terminées par une massue assez brusque, allongée, de trois articles ; d'un roux ferrugineux, avec les deux premiers articles de la massue un peu rembrunis ; à premier article oblong, assez épais : le deuxième court, globuleux, beaucoup plus grêle, à peine aussi long que large : le troisième allongé, obconique, deux fois et un tiers plus long que le précédent : les quatrième à septième graduellement un peu plus courts et un peu plus épais : le quatrième obconique, un peu plus long que large : le cinquième pas plus long que large : le sixième légèrement, les septième et huitième sensiblement transversaux , ces deux derniers subdentés en scie en dessous : les neuvième et dixième grands, subégaux, transversaux : le dernier brièvement ovalaire, obtus à son sommet.

Prothorax transversal, trois fois moins long que large,
presque aussi large à sa base que la base des élytres ; bissinueusement échancré au sommet, obtusément tronqué à la
base ; très-étroitement et presque indistinctement rebordé
sur les côtés ; légèrement arrondi à ceux-ci, avec les angles
antérieurs médiocrement et les postérieurs largement arrondis ; très-convexe ; glabre ; d'un noir brillant, avec une transparence d'un roux de poix, plus ou moins développée sur
les côtés, et quelquefois une étroite ceinture de même couleur aux bords antérieur et postérieur ; presque lisse ou couvert d'une ponctuation très-fine, très légère, obsolète, à peine
visible à un fort grossissement.

Écusson très-grand, triangulaire ; lisse ; d'un noir brillant.

Élytres courtes, globuleuses, deux fois et un tiers plus
longues que le prothorax, finement rebordées à la base et sur
les côtés ; sensiblement arrondies à ceux-ci, vues en dessus,
mais flexueuses vers le milieu de leur arête, vues de profil ;
un peu atténuées au sommet ; très-convexes ; glabres ; d'un
noir brillant, avec le sommet souvent un peu roussâtre ;
presque lisses, ou presque imperceptiblement ponctuées ;
creusées vers la suture d'une strie assez profonde, raccourcie
en avant et atteignant à peine le milieu. *Épaules* obtuses,
assez fortement arrondies.

Dessous du corps déprimé, d'un roux de poix. *Poitrine*
glabre, finement chagrinée. *Ventre* pubescent, rugueusement
et obsolètement ponctué.

Pieds médiocrement allongés, finement pubescents, d'un
roux ferrugineux. *Cuisses* comprimées, les *postérieures* arrondies à leur sommet dans les deux sexes. *Tibias* légèrement
spinosules vers leur extrémité. *Tarses* assez longs et assez
épais.

Patrie : Grande-Chartreuse, Mont-Dore, Mont-Pilat, montagnes du Beaujolais, dans les souches pourries.

Obs. On prendrait aisément cette espèce pour une variété de l'*Ag. piceum* Er. à mandibule gauche non prolongée en corne à son sommet chez le ♂, si d'autres caractères constants et communs aux deux sexes ne venaient pas nous forcer à la séparer. Par exemple, la couleur est toujours plus obscure que dans le *piceum*; le dessus du corps est plus lisse; les tibias ne sont jamais mutiques, et surtout le troisième article des antennes est proportionnellement beaucoup plus long.

Olibrus particeps.

Ovatus, convexus, nitidissimus, glaber, supra nigro-œneus, infra cum antennis pedibusque testaceus. Elytris obsolete tenuiter striatis, striis duabus suturalibus distinctioribus.

Long. 0,002. Larg. 0,0016.

Corps ovalaire, convexe, glabre, en dessus d'un noir métallique très-brillant; en dessous d'un testacé un peu roussâtre.

Tête courte, fortement transversale, d'une moitié moins large que le prothorax à sa base; rétrécie en avant en triangle très-obtus et arrondi; faiblement convexe; glabre, lisse; d'un noir métallique très-brillant. *Parties de la bouche* testacées. *Yeux* assez grands, peu saillants, noirâtres.

Antennes assez développées, dépassant le milieu du prothorax, finement pisellées; entièrement testacées; à premier et deuxième article assez épais, subcomprimés : le deuxième un peu plus étroit que le premier : le troisième allongé, assez grèle : les quatrième et cinquième subégaux, obconiques, à peine plus longs que larges : les sixième, septième et huitième graduellement un peu plus courts : les trois derniers formant une massue brusque, allongée : les neuvième et dixième ob-coniques, subégaux, pas plus longs que larges : le dernier grand , presque aussi long que les deux précédents réunis, assez brusquement rétréci et subacuminé au sommet.

Prothorax transversal, plus d'une fois moins long que large, beaucoup plus étroit en avant qu'en arrière ; largement échancré au sommet, subtronqué à la base ; légèrement arrondi sur les côtés, avec les angles antérieurs assez saillants, aigus et un peu émoussés à leur sommet et les postérieurs presque droits ; très-convexe ; glabre, lisse ou presque lisse ; très-étroitement rebordé sur les côtés ; en entier d'un noir très-brillant et un peu métallique.

Ecusson assez grand ; transversal, subtriangulaire, avec les côtés légèrement arrondis ; presque lisse, d'un noir brillant un peu métallique.

Elytres ovalaires ; deux fois et demie plus longues que le prothorax ; légèrement arrondies sur les côtés, un peu rétrécies à leur extrémité où elles sont faiblement arrondies ; glabres ; très-convexes ; d'un noir bronzé très-brillant ; marquées de stries très-fines, obsolètement ponctuées, presque effacées et à peine visibles sur le disque, avec les deux suturales plus profondes et assez marquées presque dans toute leur étendue, mais un peu moins à la base. *Epaules* peu saillantes.

Dessous du corps déprimé, entièrement d'un roux testacé brillant. *Poitrine* lisse ou presque lisse, parée vers le milieu et sur les côtés de quelques poils rares. *Ventre* ruguleux, finement pubescent.

Pieds courts, légèrement pubescents, d'un roux testacé. *Cuisses* comprimées. *Tibias* robustes, les *intermédiaires* sensiblement, les *postérieurs* faiblement cintrés en dedans à leur arête extérieure.

Patrie : Lyon. Provence. Très-rare.

Obs. Cette espèce participe des *O. affinis* St. et *millefolii* Pk.

Elle est moins oblongue et plus métallique que le premier.
Un peu moins courte que le second, elle s'en distingue aisément par la couleur testacée du dessous du corps.

Clypeaster nanus.

*Oblongus, leviter convexus, subnitidus, subtiliter punctulatus, tenuiter
densius pubescens, piceus, pronoto antice pallido-pellucido, antennis
pedibusque fusco-testaceis. Pronoto semi-circulari, antice et lateribus
explanato , angulis posticis rectis: Elytris apice singulatim late rotundatis.*

Long. 0,0014. Larg. 0,001.

Corps oblong; légèrement convexe; finement et légèrement
ponctué ; couvert d'une pubescence fine, molle, d'un gris
obscur, couchée et assez serrée ; d'une couleur de poix plus ou
moins obscure, avec la partie antérieure du prothorax pâle et
transparente.

Tête petite, transversale ; entièrement cachée sous l'expansion antérieure du prothorax. *Parties de la bouche* d'un testacé
obscur. *Yeux* à peine visibles.

Antennes assez longues, atteignant presque la base du prothorax, finement pilosellées ; entièrement d'un testacé plus ou
moins obscur, avec la massue quelquefois un peu plus sombre :
à premier article légèrement épaissi, oblong : les deuxième
et troisième allongés , les intermédiaires petits : les trois derniers formant une massue assez brusque, très-grande, allongée : le neuvième obconique, un peu plus long que large :
le dixième obconique, légèrement transversal : le dernier
ovalaire, obtus à son extrémité.

Prothorax grand, semi-circulaire, presque aussi large à la
base que la base des élytres ; très-faiblement bissinué à la
base, légèrement arrondi au milieu de celle-ci ; offrant antérieurement et sur les côtés un rebord, assez étroit près des

angles postérieurs, s'élargissant fortement en avant sur les côtés qui sont à cet endroit comme explanés ; faiblement convexe ; très-finement pubescent ; très-finement, légèrement et densement pointillé ; d'une couleur de poix assez brillante, plus ou moins obscure, avec deux grandes taches pâles, transparentes, plus ou moins développées, situées en avant sur l'expansion des bords latéraux.

Ecusson assez grand, transversal, subtriangulaire, à côtés légèrement arrondis ; finement pubescent, légèrement pointillé ; d'un brun de poix.

Elytres oblongues, deux fois et un quart plus longues que le prothorax ; subparallèles ou très-faiblement arrondies sur les côtés ; très-étroitement et finement rebordées à leur pourtour et même à l'extrémité de la suture ; individuellement et largement arrondies à leur sommet ; très-faiblement convexes ; très-finement, légèrement et assez densement pointillées ; d'un brun de poix assez brillant et plus ou moins obscur ; couvertes d'une pubescence fine, molle, d'un gris obscur, couchée, peu soyeuse et peu brillante. *Epaules* peu saillantes.

Pygidium finement et rugueusement pointillé, garni d'une pubescence obscure.

Dessous du corps subdéprimé, finement pubescent, légèrement pointillé, avec le milieu de la *poitrine* et les *lamelles* des *hanches postérieures* lisses et glabres ; d'un brun de poix brillant, avec les intersections des segments ventraux plus ou moins testacées.

Pieds légèrement pubescents, assez courts ; d'un testacé obscur. *Cuisses* un peu comprimées. *Tibias* grèles à leur base, faiblement élargis à leur sommet. *Tarses* assez longs.

Patrie : Lyon, Cluny, Provence. Parmi les vieux fagots.

Obs. Cette espèce ressemble extrêmement, quant à la forme, au *Clypeaster pusillus* Gyl. Elle en diffère seulement par sa pubescence tout autre. Celle-ci est beaucoup plus fine,

plus couchée, plus obscure, moins brillante et plus dense.
La ponctuation des élytres est aussi un peu plus serrée ; le
milieu de la poitrine est plus lisse ; les angles postérieurs du
prothorax sont un peu moins aigus ; les antennes et les pieds
sont généralement plus obscurs. Elle est toujours un peu
plus grande , proportionnellement plus allongée et moins
convexe que le *Cl. piceus* **Com.**

Orthoperus anxius.

*Breviter ovalis, leviter convexus, subnitidus, subtilissime alutaceus, sub-
glaber, nigro-piceus, pronoti lateribus et elytrorum apice dilutioribus,
antennis pallidis, clava infuscata, pedibus fusco-testaceis. Pronoti angulis posticis subrectis, obtusiusculis.*

Long. 0,0005. Larg. 0,0004.

Corps en ovale court ; légèrement convexe ; presque glabre,
obsolètement chagriné, d'un noir de poix assez brillant.

Tête petite ; transversale, rétrécie en avant ; trois ou quatre
fois plus étroite que la base du prothorax ; inclinée ; faiblement
convexe ; glabre, presque lisse ; d'un noir de poix assez brillant. *Parties de la bouche* d'un testacé pâle. *Yeux* médiocres,
arrondis, peu saillants, noirs, à facettes grossières.

Antennes assez longues, atteignant presque la base du prothorax, d'un testacé pâle, avec la massue obscure et pilosellée ;
à premier et deuxième articles grands, épaissis, oblongs : le
deuxième un peu plus étroit que le premier : les intermédiaires petits : les trois derniers formant une massue allongée : le neuvième obconique : le dixième transversal : le dernier ovalaire, obtusément acuminé au sommet.

Prothorax grand, transversal, aussi large à sa base que la
base des élytres ; une fois moins long que large ; beaucoup
plus étroit en avant qu'en arrière ; légèrement arrondi sur les

côtés, avec les angles antérieurs obtus et faiblement arrondis au sommet, et les postérieurs presque droits et légèrement émoussés ; échancré au sommet, obsolètement bissinué à la base, légèrement convexe, glabre, lisse ou presque lisse ; d'un noir de poix assez brillant, avec les côtés un peu plus clairs et un peu relevés.

Ecusson très-petit, transversal, subtriangulaire, d'un noir de poix assez brillant.

Elytres en ovale court, deux fois et un quart plus longues que le prothorax ; légèrement arrondies sur les côtés ; obtusément tronquées à leur sommet ; faiblement convexes ; glabres ; très-finement et obsolètement chagrinées ; d'un noir de poix assez brillant, avec l'extrémité un peu plus claire. *Epaules* peu saillantes.

Dessous du corps assez convexe, glabre et lisse ; d'un brun de poix brillant, avec les intersections des segments ventraux un peu plus claires.

Pieds assez courts ; à peine pubescents ; d'un testacé plus ou moins obscur. *Cuisses* allongées, légèrement comprimées. *Tibias* et *tarses* grèles. *Tibias antérieurs* coudés avant leur extrémité.

Patrie : Provence. Parmi les détritus végétaux.

Obs. Cette espèce diffère de l'*Orth. corticalis* Redt. par sa taille constamment moindre, par ses pieds plus obscurs, par ses élytres plus distinctement chagrinées, et par les côtés du prothorax plus arrondis, non rebordés, seulement légèrement relevés.

Orthoperus coriaceus.

Breviter ovalis, leviter convexus, subnitidus, subglaber, nigro piceus, pronoti lateribus et elytrorum apice sensim dilutioribus, pedibus antennisque testaceis, harum clava infuscata. Pronoti angulis posticis subrectis. Elytris subtilissime alutaceis et præterea obsolete punctulatis.

Long. 0,005. Larg. 0,004.

Corps en ovale court; légèrement convexe; presque glabre; d'un noir de poix assez brillant.

Tête petite, transversale, rétrécie en avant; trois à quatre fois plus étroite que la base du prothorax; inclinée; faiblement convexe; glabre, presque lisse; d'un noir de poix assez brillant. *Parties de la bouche* d'un testacé plus ou moins pâle. *Yeux* arrondis, peu saillants; noirs; à facettes grossières.

Antennes assez développées, atteignant la base du prothorax; testacées, avec la massue rembrunie et pilosellée; à premier article grand, épaissi, arqué : le deuxième moins épais, allongé : les intermédiaires petits, graduellement plus courts: les trois derniers formant une massue très-allongée, assez brusque : le neuvième obconique : le dixième légèrement transversal : le dernier brièvement ovalaire, obtus à son sommet.

Prothorax grand, transversal ; aussi large à sa base que la base des élytres, presque une fois moins long que large ; plus étroit en avant qu'en arrière; légèrement échancré au sommet; subbissinué à la base, avec le milieu de celle-ci largement arrondi ; légèrement arrondi et presque indistinctement rebordé sur les côtés, avec les angles antérieurs obtus, peu saillants et légèrement arrondis à leur sommet, et les postérieurs presque droits, à peine émoussés ; faiblement convexe; glabre, presque lisse ou très-obsolètement chagriné ; d'un noir de poix assez brillant, avec les côtés graduellement un peu plus clairs.

Ecusson très-petit, transversal, subtriangulaire, d'un noir de poix assez brillant.

Elytres en ovale court; deux fois et un quart plus longues que le prothorax; légèrement arrondies sur les côtés, obtusément tronquées ou largement arrondies à leur sommet; fai-

blement convexes; glabres; d'un noir de poix assez brillant,
avec l'extrémité graduellement d'une teinte ferrugineuse ;
très-finement chagrinées, et marquées en outre d'une ponctuation très-légère, assez serrée, toujours bien distincte.
Epaules peu saillantes.

Dessous du corps assez convexe; glabre et lisse; d'un brun
de poix brillant, avec les intersections des segments ventraux
d'un testacé plus ou moins obscur.

Pieds assez courts; testacés. *Cuisses* allongées; légèrement
comprimées. *Tibias* et *tarses* assez grèles : les premiers à peine,
les seconds distinctement pubescents.

PATRIE : Collines du Lyonnais et du Beaujolais. Parmi les
détritus végétaux, les vieux fagots et les mousses.

Obs. Cette espèce, assez commune, a sans doute été confondue avec l'*Orthoperus corticalis* REDT. auquel elle ressemble beaucoup. Mais elle est d'une taille plus petite ; les
côtés du prothorax sont un peu plus arrondis et moins distinctement rebordés, et les élytres sont plus visiblement chagrinées, et en outre toujours plus ou moins distinctement
ponctuées. Elle semble faire le passage de l'*Orthoperus corticalis* REDT. avec l'*Orthoperus pilosiusculus* JACQ. DUV.

DESCRIPTION

d'un genre nouveau de la famille des CLAMBIDES.

Genre *Loricaster*.

(Etym. *Lorica*, cuirasse.)

CARACTÈRES. *Corps* globuleux, ne pouvant pas se contracter en boule. *Tête* très-grande, réfléchie en dessous. *Epistome* largement et légèrement échancré en devant. *Palpes*

maxillaires petits, à dernier article acuminé au sommet. *Antennes* terminées par une massue de trois articles, dont le premier est petit, les deux autres beaucoup plus grands. *Prothorax* court, un peu rétréci sur les côtés, tronqué à la base. *Ecusson* petit, triangulaire. *Elytres* globuleuses, régulièrement convexes, sans aucune strie, peu rétrécies et subarrondies au sommet. *Hanches postérieures* en lamelles recouvrant les cuisses. *Tarses* grèles, de quatre articles : les trois premiers subégaux : le quatrième grand.

Obs. Ce genre est très-voisin du genre *Clambus* Fisch. Il s'en distingue néanmoins par son corps plus hémisphérique, moins atténué en arrière, ne pouvant pas se contracter en boule, par ses élytres, vues de profil, plus régulièrement convexes, par son prothorax tronqué à la base, et par son écusson beaucoup plus petit.

Loricaster testaceus.

Globosus, fortiter convexus, densius breviter luteo-pubescens, subnitidus subtilissime punctulatus, rufo-testaceus, antennis tarsisque dilutioribus Pronoti angulis posticis subrectis. Elytris apice subrotundatis.

Long. 0,0006. Larg. 0,0005.

Corps globuleux, très-convexe, d'un rouge testacé un peu brillant, couvert d'une pubescence jaunâtre, courte, couchée, assez épaisse.

Tête grande, transversale, réfléchie en dessous, obtusément arrondie en avant ; sensiblement plus étroite que le prothorax ; faiblement convexe ; d'un roux testacé assez brillant ; très-finement et très-légèrement ponctuée ; couverte d'une fine pubescence jaunâtre, couchée, assez serrée. *Epistome* largement et faiblement échancré à son bord antérieur. *Parties de la bouche* d'un testacé plus ou moins pâle. *Yeux* petits, peu saillants, irréguliers; brunâtres; à facettes très-grossières.

Antennes courtes, atteignant à peine le milieu du prothorax ; finement pubescentes ; d'un testacé très-pâle et luisant ; à premier article assez grand : les intermédiaires très-petits, et les trois derniers formant une massue oblongue, obtusément acuminée à son sommet.

Prothorax très-court, transversal; de la largeur des élytres à sa base, sensiblement plus étroit en avant; trois fois plus large que long en son milieu ; un peu rétréci vers les côtés qui sont obliques et rectilignes ; largement et très-faiblement échancré au sommet, avec les angles antérieurs effacés et largement arrondis ; tronqué ou très-faiblement subbissinué à la base, avec le milieu de celle-ci obtusément arrondi, et les angles postérieurs presque droits et un peu émoussés ; fortement convexe ; d'un roux testacé assez brillant ; très-finement et très-légèrement ponctué ; couvert d'une pubescence jaunâtre, couchée, assez serrée.

Ecusson petit, triangulaire; d'un roux brunâtre assez brillant.

Elytres globuleuses, trois fois plus longues que le prothorax, légèrement arrondies sur les côtés et un peu rétrécies en arrière ; fortement et régulièrement convexes ; d'un roux testacé assez brillant, quelquefois un peu plus pâle ; assez densement, mais très-finement et très-légèrement ponctuées ; couvertes d'une pubescence jaunâtre, fine, couchée et assez serrée. *Epaules* peu marquées.

Dessous du corps déprimé, très-finement et très-légèrement ponctué ; couvert d'une pubescence jaunâtre couchée, assez serrée ; entièrement d'un roux testacé, avec les intersections des segments ventraux un peu plus pâles. *Lamelles* des *hanches postérieures* arrondies obliquement en dedans.

Pieds petits, très-grêles; finement pubescents; d'un testacé pâle. *Tarses* à quatrième article aussi long que les deux précédents réunis.

PATRIE : Collines du Lyonnais et du Beaujolais. Parmi les mousses et les débris végétaux.

DESCRIPTION

d'un genre nouveau de la famille des CORYLOPHIDES.

Genre *Peltinus*

(Etym. πελτη, petit bouclier).

CARACTÈRES. *Corps* subglobuleux, ne pouvant pas se con·tracter en boule. *Tête* petite, recouverte et cachée par l'expansion du prothorax. *Prothorax* très-grand, très-convexe, tronqué à la base, arrondi antérieurement, débordant de beaucoup la tête, à angles postérieurs un peu obtus, non prolongés en arrière. *Ecusson* très-petit, subtriangulaire. *Elytres* subglobuleuses, régulièrement convexes. *Pygidium* assez saillant. *Pieds* courts.

Obs. Ce genre se place après le genre *Gryphinus*, dont il se distingue seulement par sa forme beaucoup plus convexe, par ses élytres moins atténuées en arrière, et surtout par son prothorax plus largement arrondi et moins explané en avant, tronqué et non bissinué à la base, à angles postérieurs non aigus, ni prolongés en arrière.

Peltinus velatus.

Subglobosus, fortiter convexus, nitidissimus, glaber, lœvis, piceus, pronoti margine antico, antennis pedibusque dilutioribus. Pronoti angulis posticis subobtusis. Elytris pone humeros strigis 3 vel 4 obliquis.

Long. 0,0005. Larg. 0,0004.

Corps subglobuleux, fortement convexe, très-brillant, glabre, lisse ou presque lisse, couleur de poix avec le bord antérieur du prothorax un peu plus clair.

Tête petite, engagée sous le prothorax. *Parties de la bouche* d'un testacé plus ou moins obscur. *Yeux* non visibles.

Antennes assez courtes, légèrement pubescentes, plus ou moins testacées ; à massue allongée de trois articles.

Prothorax très-grand, semi-circulaire, très-convexe, un peu moins long que large, aussi large à la base que la base des élytres ; assez largement arrondi en avant où il est étroitement explané ; tronqué à la base, avec les angles postérieurs un peu obtus ; glabre, lisse ; d'une couleur de poix très-brillante, avec le rebord antérieur un peu plus clair et un peu transparent.

Ecusson très-petit, transversal, subtriangulaire, lisse, glabre, d'un brun de poix très-brillant.

Elytres globuleuses ; deux fois plus longues que le prothorax ; régulièrement arrondies sur les côtés, offrant un peu avant le milieu leur plus grande largeur ; assez largement arrondies au sommet ; très-convexes ; glabres ; d'un brun de poix très-brillant ; lisses ou presque lisses, et présentant sur les côtés au-dessous des épaules quelques rides régulières, dont trois ou quatre plus apparentes et contiguës, raccourcies en avant et en arrière et obliquement disposées de dehors en dedans.

Pygidium assez saillant, arrondi, faiblement convexe, finement pointillé ; légèrement pubescent ; d'un brun de poix.

Dessous du corps assez convexe ; d'un brun de poix brillant et un peu roussâtre.

Pieds courts ; plus ou moins ferrugineux. *Cuisses* légèrement comprimées.

Patrie : Hyères. Dans les marais. Avril.

DESCRIPTION

DE

QUELQUES COLÉOPTÈRES NOUVEAUX

OU PEU CONNUS,

PAR

E. MULSANT et Cl. REY.

(Lue à la Société Linnéenne de Lyon.)

Ocypus minax.

*Elongatus, subdepressus, subtiliter pubescens, niger, antennarum basi,
palpis pedibusque rufo-piceis. Capite pronotoque pernitidis, fortius punctatis ; hoc oblongo, medio subcarinato. Abdomine elytrisque confertim
subtiliter punctulatis, parum nitidis ; his pronoti longitudine.*

Long. 0,014. Larg. 0,003.

Corps allongé, subdéprimé ; finement pubescent ; d'un noir
très-brillant sur la tête et sur le prothorax, beaucoup plus
terne sur les élytres et l'abdomen.

Tête grande, un peu plus large que le prothorax ; en carré
transversal ; tronquée à la base et à l'épistome ; fortement
arrondie aux angles postérieurs, subrectiligne ou très-faiblement arquée sur les côtés ; légèrement convexe ; d'un noir
très-brillant, un peu métallique ; marquée d'une ponctuation
assez forte, assez serrée sur les côtés et beaucoup moins serrée sur le milieu ; garnie d'une pubescence obscure, courte,
dirigée en arrière sur le dos, en avant aux bords latéraux ;
ciliée en outre à son pourtour de quelques longs poils obs-

curs, perpendiculaires. *Mandibules* grandes ; d'un noir de poix ; falciformes, à tranche interne un peu dilatée en son milieu. *Labre* d'un brun de poix, avec la marge antérieure plus pâle. *Palpes* roussâtres, ainsi que les autres *parties de la bouche. Yeux* grands ; obovales ; subdéprimés ; obscurs, peu brillants. *Col* libre, brillant, ponctué.

Antennes assez grèles ; dépassant d'une moitié la longueur de la tête ; pubescentes ; obscures, avec le dernier article ferrugineux, le premier et la base des deuxième et troisième d'un roux de poix assez clair : à premier article en massue allongée : le deuxième oblong, obconique, d'une moitié moins long que le troisième : celui-ci allongé, obconique : les quatrième à dixième oblongs, subcylindriques, sensiblement plus longs que larges : le dernier obliquement tronqué au sommet, et inférieurement subacuminé à celui-ci.

Prothorax oblong, plus étroit que les élytres, sensiblement plus long que large, un peu plus étroit en arrière ; tronqué au sommet, largement arrondi à la base, presque rectiligne sur les côtés, avec les angles postérieurs obtus et les antérieurs droits mais arrondis à leur sommet ; faiblement convexe ; d'un noir très-brillant et un peu métallique ; assez fortement ponctué ; offrant sur son milieu une ligne longitudinale lisse, subcarénée, obsolète en avant ; finement pubescent, et paré en outre sur les côtés, surtout en avant, de quelques longs poils obscurs, perpendiculaires.

Ecusson subtriangulaire, obtusément tronqué au sommet ; densement et rugueusement ponctué ; d'un noir peu brillant.

Elytres un peu plus courtes que le prothorax, en carré long, un peu plus larges postérieurement ; à côtés presque rectilignes, avec les angles postéro-externes largement arrondis ; déprimées ; d'un noir peu brillant, presque mat, avec la suture très étroitement roussâtre ; densement, finement et rugueusement ponctuées ; couvertes d'une pubescence très-fine, très-couchée, un peu grisâtre; et parées en outre sur les côtés de deux ou trois longs poils obscurs, redressés. *Epaules* peu saillantes, arrondies.

Abdomen deux fois plus prolongé que les élytres, presque aussi large que celles-ci sur son milieu; un peu plus étroit à la base, légèrement rétréci en arrière; faiblement arqué et assez fortement rebordé sur les côtés; subdéprimé à sa base, légèrement convexe sur son milieu et dans sa partie postérieure; densement, finement et subrugueusement ponctué; d'un noir presque mat sur les côtés, un peu plus brillant sur la région médiane; garni, latéralement surtout, d'une pubescence très-fine, couchée et légèrement grisâtre. *Dernier segment abdominal* largement arrondi au sommet.

Dessous du corps d'un noir brillant, garni d'une pubescence fine, un peu roussâtre, avec le dessous de la tête glabre, creusé çà et là de quelques gros points. *Poitrine* obsolètement, *ventre* distinctement ponctué. *Dernier segment ventral* obtusément arrondi au sommet.

Pieds assez allongés, garnis d'une pubescence fine et roussâtre; entièrement d'un roux de poix, ainsi que les *hanches* et les *trochanters*; couverts d'une ponctuation ruguleuse en forme de légères hâchures. *Tarses intermédiaires* et *postérieurs* allongés, à peine plus courts que les *tibias*.

Patrie : Cette espèce habite la vallée de Champsaur (Hautes-Alpes), où elle a été capturée en septembre par MM. Maurel et E. Millon.

Obs. Elle est intermédiaire entre l'*Ocypus compressus* Marsh. et l'*Ocypus falcifer* Nordm. Elle se distingue du premier par sa tête et son prothorax brillants et moins densement ponctués; du second par sa couleur noire et non pas bleuâtre. Elle diffère du *morsitans* Rossi par la couleur roussâtre de ses palpes, et du *planipennis* Aubé par ses élytres et son abdomen beaucoup plus densement ponctués.

Philonthus varipes.

Elongato-fusiformis, leviter convexus, subtiliter pubescens, nitidus, niger, antennarum basi, pedibus anticis, elytrisque rufis; his pronoti longitudine, subtiliter confertim punctatis. Abdomine dense rugoso-punctulato, lateribus pilosello, ano concolore.

Long. 0,006 à 0,007. Larg. 0,0045.

♂ *Les trois premiers articles des tarses antérieurs* fortement dilatés. *Dernier segment ventral* légèrement échancré ou seulement sinué au milieu de son bord apical, avec l'échancrure suivie d'une faible dépression lisse et triangulaire.

♀ *Les trois premiers articles des tarses antérieurs* à peine dilatés. *Dernier segment ventral* obtusément arrondi à son sommet.

Corps allongé, fusiforme; finement pubescent, avec la tête et le prothorax lisses; d'un noir brillant, et les élytres ponctuées, d'un rouge de brique.

Tête petite, plus étroite que le prothorax; ovalaire; légèrement convexe; d'un noir brillant, lisse, marquée de quelques points épars derrière les yeux, et, entre ceux-ci, de quatre points semblables transversalement disposés; garnie sur les côtés d'une pubescence fauve, couchée, peu serrée, dirigée en avant, et de quelques longs poils obscurs redressés. *Parties de la bouche* d'un roux testacé, avec le dernier article des *palpes maxillaires* ordinairement rembruni. *Yeux* grands, ovalaires, peu saillants, subdéprimés, brunâtres.

Antennes de la longueur de la tête et du prothorax réunis; légèrement épaissies vers l'extrémité; pubescentes; obscures, avec le premier article et la base des deuxième et troisième d'un roux testacé; à premier article en massue allongée : les deuxième et troisième allongés, obconiques, le deuxième un peu plus court que le suivant : les quatrième à dixième sub-

cylindriques, oblongs, graduellement plus courts et plus épais
en avançant vers l'extrémité : les huitième , neuvième et
dixième à peine plus longs que larges : le dernier tronqué
ou subéchancré et inférieurement acuminé à son sommet.
Col court, noir, lisse et brillant.

Prothorax à peine plus étroit que les élytres à sa base, à
peine plus long que large à celle-ci, sensiblement rétréci à sa
partie antérieure ; tronqué au sommet, largement arrondi en
arrière, subrectiligne sur les côtés, avec les angles antérieurs
infléchis, ceux-ci fortement, les postérieurs légèrement arrondis ; faiblement convexe ; d'un noir brillant, lisse ; marqué
sur le dos d'une double série de six points enfoncés, assez
gros ; en dehors de quatre autres points semblables, et, sur
la marge posticale, d'une série de points analogues, un peu
moins forts ; parsemé en outre de quelques longs poils obscurs, redressés, insérés surtout dans les points enfoncés.

Ecusson triangulaire, assez allongé ; brunâtre, peu brillant;
finement et rugueusement ponctué.

Elytres de la longueur du prothorax, presque carrées, un
peu plus larges postérieurement ; subrectilignes sur les côtés ;
obliquement tronquées au sommet, et subsinuées près des
angles extérieurs ; subdéprimées ; d'un rouge de brique assez
brillant ; finement et densement ponctuées, et revêtues d'une
pubescence fauve, fine, couchée et dirigée en arrière. *Epaules*
peu saillantes, arrondies.

Abdomen un peu plus étroit que les élytres à sa base, deux
fois plus prolongé que celles-ci ; fortement rebordé et très-
faiblement arqué sur les côtés ; sensiblement rétréci en arrière
après son milieu ; assez convexe , surtout à sa partie postérieure ; d'un noir assez brillant ; densement et finement
ponctué ; revêtu d'une pubescence fine, grisâtre, assez longue, couchée et dirigée en arrière ; cilié en outre, sur les côtés et vers l'extrémité, de quelques longs poils obscurs, re-

dressés. *Dernier segment abdominal* noir; parcimonieusement ponctué, obtusément tronqué au sommet.

Dessous du corps assez convexe, pubescent, d'un noir assez brillant, densement et finement ponctué.

Pieds pubescents, légèrement et rugueusement ponctués. Les *intermédiaires* et les *postérieurs* d'un brun de poix, avec les tarses un peu plus clairs : les *antérieurs* entièrement d'un roux testacé. Tous les *tibias* spinosules. *Tarses intermédiaires* et *postérieurs* aussi longs que les tibias.

PATRIE : Montagnes du Bourbonnais, de l'Auvergne et de la Provence.

Obs. Cette espèce est très-voisine du *P. salinus* Ksw. Elle s'en distingue par ses élytres moins longues, son anus concolore, et par ses pieds postérieurs et intermédiaires plus obscurs. Les angles postérieurs du prothorax sont moins arrondis que dans le *Ph. fulvipes* FABR. Celui-ci, en outre, a tous les pieds et les deuxième et troisième articles des antennes toujours entièrement d'un roux testacé assez clair.

Lathrobium posticum.

Elongatum, sublineare, parcius pubescens, leviter convexum, punctatum, nitidum, nigrum, elytris macula apicali rufa; antennarum basi et apice, ore, pedibus, anoque rufo-testaceis. Elytris densius punctatis, pronoti longitudine; abdomine subopaco, subtilissime confertissimeque punctulato. Femoribus valde incrassatis.

Long. 0,007. Larg. 0,0012.

♂ *Sixième segment ventral* avec une incision profonde.

Corps allongé, sublinéaire, peu pubescent; d'un noir brillant, avec l'abdomen subopaque, et une petite tache roussâtre au sommet des élytres.

Tête un peu plus étroite que le prothorax ; suborbiculaire; un peu plus longue que large ; obtusément tronquée à l'épi-

stome ; faiblement convexe ; d'un noir brillant ; presque lisse
sur son milieu ; assez densement ponctuée sur les côtés, surtout derrière les yeux ; ciliée latéralement de quelques longs
poils obscurs. *Parties de la bouche* d'un roux testacé, avec
les *mandibules* et l'avant-dernier article des *palpes maxillaires*
un peu rembrunis. *Labre* cilié à son bord antérieur de longs
poils fauves.

Antennes de la longueur de la tête et du prothorax réunis,
un peu moins épaisses vers l'extrémité ; faiblement pubescentes ; d'un roux ferrugineux, avec les deux premiers articles et les extérieurs un peu plus clairs, et les intermédiaires
un peu rembrunis ; à premier article assez épais, en massue
allongée : les deuxième et troisième allongés, obconiques :
le deuxième un peu plus court que le troisième : les quatrième à dixième subégaux, passablement allongés, subobconiques : le dernier elliptique, acuminé au sommet.

Prothorax de la largeur des élytres, un peu plus long que
large, en carré long, à peine rétréci postérieurement ; tronqué à la base et au sommet ; presque droit ou faiblement arqué sur les côtés, avec les angles antérieurs et postérieurs
infléchis et assez fortement arrondis ; légèrement convexe ;
d'un noir brillant ; assez fortement mais peu densement
ponctué sur le dos, plus finement et plus densement sur les
côtés ; offrant sur son milieu un espace longitudinal lisse, à
peine sensible, obsolètement et brièvement sillonné avant la
base ; paré, en outre, sur les côtés de quelques longs poils
obscurs.

Ecusson semicirculaire ; rugueux ; d'un noir brillant.

Elytres de la longueur du prothorax, en carré long ; subparallèles ; obliquement tronquées au sommet, avec l'angle postéro-externe arrondi ; faiblement convexes ; légèrement pubescentes ; parées vers les épaules de quelques longs poils
obscurs, redressés ; assez densement, mais plus finement

ponctuées que le prothorax ; d'un noir brillant, avec une petite tache roussâtre subarrondie sur le bord apical, située
assez loin de l'angle externe. *Epaules* peu saillantes, arrondies.

Abdomen presque aussi large que les élytres, deux fois et
demie plus prolongé que celles-ci ; sensiblement rétréci vers
le sommet après son milieu ; faiblement arqué et assez fortement rebordé sur les côtés ; légèrement convexe à la base,
beaucoup plus fortement à sa partie postérieure ; d'un noir
peu brillant, presque mat, avec le sommet d'un roux ferrugineux ; très-densement et très-finement ponctué et comme
chagriné ; revêtu d'une pubescence grisâtre, fine, courte et
couchée ; paré en outre sur les côtés, surtout en arrière, de
quelques longs poils obscurs.

Dessous du corps assez convexe ; d'un noir assez brillant ;
obsolètement ponctué. *Ventre* pubescent ; très-finement et
très-densement ponctué ; d'un noir subopaque, avec l'anus
ferrugineux.

Pieds robustes, pubescents, d'un roux testacé, avec les genoux un peu plus obscurs. *Cuisses* très-épaisses, surtout les
antérieures. *Tibias* solides, inférieurement spinosules. *Tarses*
assez courts.

PATRIE : Environs de Lyon.

Obs. Cette espèce doit être placée entre le *Lathr. terminatum* GR. et le *Lathr. punctatum* ZETT. Elle ressemble au
premier pour la couleur, au second pour la forme. Elle a la
tête et le prothorax plus densement ponctués que le premier,
moins densement que le second. Elle diffère encore du *terminatum* par son prothorax un peu plus long, par sa forme
plus linéaire, par ses élytres plus courtes et dont la tache
apicale est plus petite et plus éloignée de l'angle externe.
L'échancrure profonde du sixième segment ventral chez
le ♂, les articles beaucoup plus allongés des antennes, et la

présence de la tache des élytres sont des caractères suffisants pour la séparer du *punctatum*, avec lequel elle a une grande affinité de faciès. Enfin, les quatrième et cinquième segments ventraux ne sont pas visiblement sillonnés comme dans le *terminatum*.

Cryptobium brevipenne.

Elongatum, sublineare, parcius fusco-pubescens, leviter convexum, nitidum, nigrum, pedibus læte, antennis palpisque fusco-testaceis. Capite pronoto angustiore, oblongo, sparsim punctato. Pronoto subelongato, dorso biserialim, lateribus crebrius subtiliusque punctato. Elytris densius punctatis, pronoto multo brevioribus. Abdomine subtilissime punctulato, densius fusco-pubescente, apice fortius attenuato.

Long. 0,0056. Larg. 0,0014.

♂ *Sixième segment ventral* profondément incisé à son sommet : le cinquième avec une impression longitudinale triangulaire, peu profonde, et subsinué au milieu de son bord apical.

♀ *Sixième segment ventral* arrondi à son sommet : le cinquième simple.

Corps allongé, sublinéaire ; légèrement pubescent ; ponctué ; d'un noir brillant, avec l'abdomen couvert d'une pubescence plus serrée et d'une ponctuation beaucoup plus fine.

Tête oblongue, un peu plus étroite que le prothorax ; tronquée à la base et au sommet ; légèrement arrondie sur les côtés, et assez fortement aux angles postérieurs ; faiblement convexe ; d'un noir brillant ; éparsement et assez fortement ponctuée, avec le milieu du front un peu plus lisse ; légèrement pubescente sur les côtés, qui présentent en outre quelques longs poils obscurs, redressés. *Parties de la bouche* d'un testacé de poix, avec le pénultième article des *palpes maxillaires* plus rembruni. *Yeux* de forme assez irrégulière, peu saillants, brunâtres.

Antennes assez grêles, un peu plus courtes que la tête et le prothorax réunis; finement pubescentes; d'un testacé obscur, avec lespremier, deuxième, troisième articles, et souvent le quatrième un peu rembrunis : le premier en massue très-allongée : les deuxième et troisième oblongs, obconiques, subégaux : les quatrième à dixième subobconiques, sensiblement un peu plus courts et un peu plus épais en approchant de l'extrémité: les septième à dixième guère plus longs que larges ; le onzième obovalaire, obtusément tronqué au sommet.

Prothorax oblong, sensiblement plus étroit que les élytres, d'une moitié plus long que large ; tronqué à la base et au sommet; subrectiligne ou très-faiblement arqué sur les côtés, avec les angles antérieurs arrondis et les postérieurs très-obtus; faiblement convexe ; d'un noir brillant; paré sur les côtés de longs poils obscurs; couvert latéralement d'une ponctuation assez forte, irrégulière et assez serrée, et offrant sur le dos deux séries assez régulières, composées de points nombreux, et séparées entre elles par un espace longitudinal lisse assez large.

Ecusson transversal, triangulaire, arrondi au sommet; d'un noir brillant, lisse ou avec deux ou trois points obsolètes.

Elytres en carré transversal, près d'un tiers plus courtes que le prothorax; obliquement tronquées au sommet, subrectilignes sur les côtés et largement arrondies aux angles extérieurs; faiblement convexes ; d'un noir brillant; assez densement et un peu rugueusement ponctuées; revêtues d'une pubescence très-fine, couchée, d'un cendré obscur. *Epaules* peu saillantes, arrondies.

Abdomen un peu plus étroit que les élytres, trois fois plus prolongé que celles-ci; faiblement arqué et assez fortement rebordé sur les côtés, et assez sensiblement rétréci en arrière après son milieu ; assez convexe sur sa partie médiane ; d'un noir moins brillant que la tête et le prothorax ; très-finement et très-densement ponctué, et revêtu d'une pubescence d'un cendré obscur, couchée, assez longue et assez serrée.

Dessous du corps d'un noir assez brillant. *Ventre* assez convexe, légèrement et assez densement ponctué ; finement pubescent, parsemé en outre de quelques poils obscurs et redressés ; d'un noir assez brillant, avec les intersections des segments d'un roux ferrugineux.

Pieds assez robustes, pubescents, testacés, ainsi que les hanches et les trochanters. *Tibias* fortement spinosules. *Tarses* allongés.

Patrie : Montagnes de l'Auvergne, de la Bourgogne et de la Provence. Juin, juillet, parmi les débris végétaux.

Obs. Cette espèce, intermédiaire entre les *Cryptobium fracticorne* Pk. et *Jacquelini* Boield., diffère de ce dernier par sa couleur : du premier par sa forme plus linéaire, et de tous deux par la brièveté de ses élytres,

Scopæus anxius.

Elongatus, leviter convexus, pube subtili, brevi, grisea sericans ; subtiliter punctulatus, nitidulus, piceus, antennis, ore, pedibusque testaceis, palporum articulo tertio, elytris sutura apiceque dilutius piceo-testaceis, abdomine nigro apice picescente. Pronoto oblongo, basi obsoletius bifoveolato, antice tenuissime canaliculato. Capite subquadrato. Elytris pronoto longioribus. Abdomine pone medium leviter dilatato, apicem versus attenuato.

Long. 0,003. Larg. 0,0007.

♂ *Cinquième arceau ventral* légèrement sinué à son bord apical. Le *sixième* avec une entaille triangulaire assez profonde et à sommet arrondi.

Corps allongé, légèrement convexe ; assez brillant ; d'un

brun de poix, avec l'abdomen plus obscur, la suture et l'extrémité des élytres plus claires ; couvert d'une pubescence courte, fine, soyeuse et grisâtre.

Tête un peu plus large que le prothorax, presque carrée, tronquée ou très-faiblement échancrée à la base ; légèrement convexe postérieurement ; un peu rétrécie en avant des yeux ; subdéprimée au devant de l'épistome ; très-légèrement arquée sur les côtés, et assez fortement arrondie aux angles postérieurs ; pas plus large en arrière que vers les yeux ; d'un brun de poix assez brillant, avec le tubercule antennifère roussâtre ; finement et densement ponctuée, et garnie de deux ou trois longs poils autour des *yeux* : ceux-ci médiocres, obscurs, peu saillants, subarrondis. *Parties de la bouche* testacées, avec les *mandibules* ferrugineuses, et le troisième article des *palpes maxillaires* un peu rembruni. *Labre* pilosellé. *Cou* lisse, brunâtre, assez brillant.

Antennes plus courtes que la tête et le prothorax réunis ; à peine plus épaisses vers l'extrémité ; pubescentes ; d'un testacé un peu roussâtre ; à premier article en massue allongée : les deuxième et troisième obconiques, subégaux : le troisième un peu plus grêle que le deuxième : les quatrième à dixième graduellement plus courts et insensiblement plus épais : les septième et huitième pas plus longs que larges : les neuvième et dixième légèrement transversaux : le dernier ovalaire, acuminé au sommet, de moitié plus long que le précédent.

Prothorax d'un tiers plus étroit que les élytres, oblong ; légèrement arrondi aux angles antérieurs ; presque droit ou très-faiblement arqué sur les côtés ; atténué au sommet, micirculairement échancré à celui-ci ; tronqué à sa base et très-finement rebordé à celle-ci ; visiblement plus étroit en arrière, et largement arrondi aux angles postérieurs ; faiblement convexe ; d'un brun de poix assez brillant ; densement, finement

et presque obsolètement ponctué sur le dos, un peu plus visiblement sur les côtés ; offrant un espace longitudinal lisse
peu apparent ; marqué vers la base de deux fossettes subarrondies, obsolètes, séparées entre elles par un intervalle peu
élevé ; présentant en avant un sillon longitudinal très-fin et
raccourci.

Ecusson semicirculaire ; finement ponctué ; d'un brun de
poix assez brillant.

Elytres visiblement plus longues que le prothorax ; presque
droites sur les côtés ; légèrement convexes et à peine impres-
sionnées le long de la suture derrière l'écusson ; finement et
plus fortement ponctuées que la tête et le prothorax ; d'un
brun de poix assez brillant, avec la suture et l'extrémité graduellement d'un roux testacé. *Epaules* très-peu saillantes,
fortement arrondies.

Abdomen rebordé ; beaucoup plus finement et plus densement ponctué que le reste du corps ; couvert d'une pubescence
plus fine et plus serrée ; assez convexe, à sa partie postérieure
surtout ; légèrement élargi après le milieu et sensiblement
rétréci en arrière ; d'un noir assez brillant, avec l'extrémité
des cinquième et sixième segments d'un roux de poix : le
septième caché ou à peine saillant : le cinquième étroitement
membraneux à son bord apical. *Anus* pilosellé.

Dessous de la tête assez brillant, distinctement ponctué,
testacé. *Dessous du prothorax* brillant ; ferrugineux ; glabre;
obsolètement et finement ridé en travers. *Poitrine* légèrement
pointillée, assez brillante, ferrugineuse. *Ventre* très-finement
et très-densement pointillé, d'un ferrugineux assez obscur.

Pieds pubescents, assez robustes, entièrement testacés.

Patrie : Environs d'Hyères. Juin.

Obs. Cette espèce ressemble beaucoup aux variétés claires
du *Scop. didymus* Er. Mais elle s'en distingue nettement par
le sixième segment ventral non bissillonné chez le ♂, par ses

élytres proportionnellement plus longues et un peu plus convexes, par ses antennes à articles un peu plus longs, et par
sa tête un peu moins large en arrière. Elle diffère des *Scop.
Erichsoni* KOL. (*apicalis* NOB.) et *sericans* NOB. par sa tête
plus carrée, et par la présence d'une petite cannelure à la
partie antérieure du prothorax.

Stenus laevigatus.

*Elongatus, leviter convexus, pube albina, micante sericans, densius pro-
funde punctatus, nitidus, niger, pedibus testaceis, femoribus apice late
tibiisque basi et apice infuscatis; palporum articulo tertio tarsisque
piceo-testaceis; elytris macula fulva, inæqualibus. Pronoto oblongo,
valde inæquali. Abdomine supra medio sublævigato, infra obsoletius
parce punctato.*

Long. 0,0044. Larg. 0,001.

♂ *Cinquième arceau ventral* largement sinué à son extrémité, avec une large dépression lisse, latéralement ciliée de
longs poils d'un fauve pâle. *Sixième arceau ventral* légèrement
sinué à son sommet.

Corps allongé; d'un noir brillant; fortement ponctué, avec
le milieu de l'abdomen presque lisse, revêtu d'une pubescence argentée, assez courte et peu fournie.

Tête transversale, d'une moitié (les yeux compris) plus
large que le prothorax; d'un noir brillant; densement et
fortement ponctuée. *Front* largement et profondément excavé; présentant sur son milieu une carène longitudinale,
lisse, bien marquée, mais peu élevée. *Labre* d'un noir brillant. *Mandibules* noires à leur base, ferrugineuses à leur sommet. *Palpes* d'un testacé assez clair, avec le troisième article
des *maxillaires* un peu rembruni. *Yeux* gros, très-saillants,
obovalaires; d'un gris obscur. *Col* court; fortement ponctué;
d'un noir brillant.

Prothorax oblong, deux fois plus étroit à sa base que les élytres; deux fois plus long que large à la base; arrondi et sensiblement élargi vers le milieu de ses côtés; d'un noir brillant; faiblement convexe; densement et fortement ponctué, très-inégal, et offrant principalement cinq calus ou gibbosités lisses, brillantes : une en avant : deux vers le milieu assez rapprochées l'une de l'autre: et deux vers la base, un peu plus écartées entre elles.

Ecusson très-petit; triangulaire; noir.

Elytres en carré un peu plus long que large, aussi longues ou à peine plus longues que le prothorax; obliquement tronquées au sommet, subrectilignes sur les côtés jusqu'aux deux tiers de leur longueur, où elles s'arrondissent et présentent leur plus grande largeur; légèrement convexes; d'un noir brillant, avec une tache arrondie fauve, assez grande, située un peu après le milieu; moins densement, mais plus grossièrement ponctuées que le prothorax, moins inégales que celui-ci; creusées simultanément à la région scutellaire d'une impression transversale assez profonde, limitée latéralement et postérieurement par un calus ou gibbosité arquée, presque lisse et plus brillante; et présentant en outre vers l'angle sutural un espace assez large, faiblement relevé, plus brillant et moins densement ponctué. *Epaules* assez saillantes, légèrement arrondies.

Abdomen un peu plus étroit que les élytres, deux fois et demie plus prolongé que celles ci; graduellement et légèrement atténué vers son extrémité; fortement rebordé sur les côtés; assez convexe sur son milieu; d'un noir brillant; revêtu d'une pubescence argentée, brillante, courte et peu serrée à la base, un peu plus longue et plus dense postérieurement sur les côtés, des quatrième et cinquième segments surtout; assez densement ponctué sur les côtés, parcimonieusement ponctué ou presque lisse tout le long du dos.

Dessous du corps assez convexe, d'un noir brillant, légèrement pubescent. *Dessous du prothorax* et *mésosternum* assez densement et fortement ponctués. *Métasternum* éparsement et grossièrement ponctué. *Ventre* avec une ponctuation très-peu serrée, fine, légère, presque obsolète._

Pieds grèles; légèrement pubescents; testacés ainsi que les *trochanters*, avec la moitié postérieure des *cuisses* noirâtre; la base et le sommet des *tibias* d'un brun de poix, et les *tarses* d'un testacé obscur. *Hanches* lisses; d'un noir brillant.

Patrïe : Corse.

Obs. Cette espèce est au *Stenus guttula* Kirb. ce que le *Stenus asphaltinus* Er. est à l'*ater;* c'est-à-dire qu'il est plus lisse, plus grossièrement et moins densement ponctué. La ponctuation seule du ventre doit du reste suffire à l'en distinguer.

Stenus æqualis.

Elongatus, leviter convexus, nitidulus, parcius albido-pubescens, densius fortiter punctatus, plumbeo niger, palporum articulo primo testaceo. Capite elytrorum latitudine; fronte levissime excavata, obsolete bisulcata. Pronoto oblongo, æquali. Elytris pronoto vix longioribus. Abdomine crasso, subcylindrico, subtilius punctato.

Long. 0,0028. Larg. 0,0008.

♂ *Cinquième segment ventral* légèrement sinué à son bord apical. Le *sixième* avec une échancrure triangulaire, peu profonde.

♀ *Cinquième segment ventral* simple. Le *sixième* obtusément arrondi au sommet.

Corps allongé, légèrement convexe; fortement ponctué; d'un noir un peu plombé; revêtu d'une pubescence fine et blanchâtre, un peu plus serrée sur l'abdomen.

Tête transversale, beaucoup plus large que le prothorax, à peu près de la largeur des élytres ; finement pubescente ; d'un noir plombé assez brillant ; densement et fortement ponctuée. *Front* très-peu excavé, obsolètement bissillonné, avec l'intervalle des sillons large, peu saillant. *Parties de la bouche* couleur de poix. *Palpes maxillaires* noirs, avec le premier article d'un testacé pâle. *Yeux* très-gros, arrondis, saillants ; noirs. *Col* très-court, rugueusement ponctué.

Antennes médiocres, beaucoup plus courtes que la tête et le prothorax réunis ; finement pilosellées ; noirâtres ; à premier et deuxième articles un peu épaissis, subégaux : les troisième à dixième subcylindriques : le troisième très-allongé, un peu plus long que le suivant : les quatrième et cinquième allongés, subégaux : les sixième à huitième graduellement plus courts en avançant vers l'extrémité : les trois derniers sensiblement plus épais et formant une massue allongée : le dernier courtement ovalaire, acuminé au sommet.

Prothorax oblong, deux fois plus étroit que les élytres à sa base ; évidemment plus long que large sur son milieu ; tronqué au sommet et à la base ; antérieurement arrondi sur les côtés ; sensiblement rétréci et subsinué en arrière ; finement pubescent ; légèrement convexe, égal ; d'un noir plombé assez brillant ; plus fortement et moins densement ponctué que la tête.

Ecusson très-petit, triangulaire ; d'un noir brillant.

Elytres presque carrées, pas plus longues ou à peine plus longues que le prothorax ; obliquement tronquées au sommet ; très-faiblement arquées sur les côtés ; légèrement convexes ; finement pubescentes ; d'un noir plombé assez brillant ; presque égales, et ponctuées de la même manière que le prothorax. *Epaules* peu saillantes, arrondies.

Abdomen épais, subcylindrique, un peu plus étroit que les élytres ; deux fois plus prolongé que celles-ci ; passablement convexe; assez fortement rebordé sur les côtés; très-faiblement atténué vers son extrémité; d'un noir plombé brillant; assez densement mais plus finement ponctué que le reste du corps; revêtu d'une pubescence blanchâtre, un peu plus visible et un peu plus longue.

Dessous du corps convexe; d'un noir brillant; assez fortement et assez densement ponctué; revêtu d'une pubescence fine et blanchâtre.

Pieds assez courts; légèrement pubescents; noirs, avec les *cuissses antérieures*, tous les *tibia*s et tous les *tarses* un peu brunâtres.

Patrie : Bugey, dans les lieux marécageux.

Obs. Cette espèce est très-voisine du *Stenus morio* Gr. Elle en diffère essentiellement par sa taille toujours moindre, par sa forme plus cylindrique, sa surface plus égale, moins densement pubescente et moins densement ponctuée , et surtout par ses élytres pas plus larges que la tête. Elle diffère du *Stenus gracilentus* Fairm. par sa forme plus étroite et plus cylindrique, et par sa ponctuation moins serrée.

Stenus inæqualis.

Elongatus, leviter convexus, nitidulus, parcius albido-pubescens, dense fortius punctatus, niger, palpis articulo primo pallido. Capite elytris angustiore, fronte leviter excavata, latius obsoletiusque bisulcata. Pronoto oblongo, subæquali. Elytris pronoto paulo longioribus, subdepressis, inæqualibus. Abdomine subattenuato.

Long. 0,0035. Larg. 0,004.

Corps allongé, subdéprimé sur les élytres; densement et assez fortement ponctué; d'un noir assez brillant, et revêtu d'une pubescence blanchâtre peu serrée.

Tête transversale, beaucoup plus large que le prothorax,

sensiblement moins large que les élytres; très-brièvement pubescente; d'un noir assez brillant; densement et rugueusement ponctuée. *Front* légèrement excavé, largement et obsolètement bissillonné, avec l'intervalle médian large et peu
saillant. *Parties de la bouche* couleur de poix. *Palpes maxillaires* à premier article très-pâle : le deuxième couleur de
poix, et le troisième noirâtre. *Yeux* très-saillants, très-gros,
arrondis; noirs. *Col* peu distinct, tout-à-fait engagé sous le
prothorax.

Antennes médiocres, légèrement pilosellées, beaucoup plus
courtes que la tête et le prothorax réunis; noires, avec les
articles intermédiaires un peu brunâtres : à premier et
deuxième articles épaissis, subégaux : les troisième à cinquième grèles, allongés, cylindriques : le troisième un peu
plus long que le quatrième : les sixième à huitième graduellement un peu plus courts en avançant vers l'extrémité : les
trois derniers en massue allongée : les neuvième et dixième
subtransversaux : le dernier courtement ovalaire, subacuminé
au sommet.

Prothorax oblong, deux fois plus étroit que les élytres à sa
base, sensiblement plus long que large; tronqué à la base et
au sommet; légèrement arrondi antérieurement sur les côtés et un peu rétréci en arrière; faiblement convexe, subégal; légèrement pubescent; d'un noir assez brillant; densement et assez fortement ponctué.

Ecusson petit, triangulaire; d'un noir brillant.

Elytres presque carrées; un peu plus longues que le prothorax; obliquement tronquées au sommet, subrectilignes
sur les côtés, ou très-faiblement arquées en arrière près des
angles extérieurs; finement pubescentes; d'un noir assez
brillant; subdéprimées; assez fortement et densement ponctuées; à surface inégale, et présentant chacune trois impressions principales, assez senties : une circulaire, juxta-scutel-

laire, se prolongeant en s'affaiblissant tout le long de la suture : une seconde oblongue, discoïdale, située un peu en dedans et en arrière des épaules : la troisième allongée, un peu oblique, posticale et juxta-marginale, s'étendant depuis le milieu des côtés jusqu'au sommet en dedans de l'angle externe. *Epaules* assez saillantes, légèrement arrondies.

Abdomen assez épais, un peu plus étroit que les élytres, une fois et deux tiers plus prolongé que celles-ci ; assez convexe ; assez fortement rebordé sur les côtés, faiblement atténué à son extrémité ; d'un noir brillant ; densement, mais un peu moins fortement ponctué que la tête et le prothorax ; revêtu d'une pubescence blanchâtre, fine, assez courte et peu serrée.

Dessous du corps légèrement convexe ; finement pubescent ; assez densement ponctué ; d'un noir brillant.

Pieds médiocrement allongés ; finement pubescents ; noirs, avec les tibias et les tarses antérieurs brunâtres.

Patrie : Environs de Cluny. Juin.

Obs. Cette espèce est voisine des *St. buphthalmus* Gr. et *morio* Gr. Elle diffère de tous deux par ses élytres inégales ; du premier, par sa forme proportionnellement plus large, le milieu du front beaucoup moins convexe, et par ses élytres plus longues que le prothorax ; du deuxième, par sa couleur moins plombée, et par sa pubescence moins apparente.

Stenus subdepressus.

Elongatus, subdepressus, nitidus, breviter albido-pubescens, densius fortiusque punctatus, plumbeo-niger, palpis articulo primo piceo. Capite elytrorum latitudine, fronte haud excavata, obsoletius bisulcata, interstitio postice prominulo. Pronoto oblongo, æquali. Elytris pronoto subbrevioribus, depressis, subæqualibus. Abdomine subparallelo.

Long. 0,0025. Larg. 0,0007.

Corps allongé, déprimé sur les élytres ; assez densement et

assez fortement ponctué; d'un noir plombé brillant; et
revêtu d'une pubescence blanchâtre, courte et peu serrée.

Tête transversale, plus large que le prothorax; à peu près
de la largeur des élytres; à peine pubescente; d'un noir
plombé, brillant; assez fortement et assez densement ponctué. *Front* non excavé, obsolètement bissillonné, avec l'intervalle médian assez proéminent en arrière, mais non caréné. *Parties de la bouche* obscures. *Palpes maxillaires* noirs,
avec le premier article couleur de poix. *Yeux* saillants, très-
gros, arrondis; noirâtres. *Col* très-court; rugueusement ponctué; d'un noir brillant.

Antennes courtes; légèrement pilosellées, beaucoup plus
courtes que la tête et le prothorax réunis; noires; à premier
et deuxième articles épaissis, subégaux : les troisième à huitième grèles, cylindriques : le troisième très-allongé, visiblement plus long que le quatrième : les quatrième à sixième
allongés, subégaux : le septième oblong : le huitième à peine
plus long que large : les trois derniers formant une massue
assez brusque, allongée : les neuvième et dixième subtransversaux : le dernier globuleux, obtusément acuminé au sommet.

Prothorax oblong, beaucoup plus étroit que les élytres à
sa base; sensiblement plus long que large sur son milieu;
arrondi sur les côtés un peu avant celui-ci; tronqué à la base
et au sommet; un peu rétréci en arrière; égal; subdéprimé;
à peine pubescent; d'un noir plombé, brillant; assez fortement et assez densement ponctué.

Ecusson très-petit, triangulaire; d'un noir assez brillant.

Elytres presque carrées; un peu plus larges en arrière, un
peu plus courtes que le prothorax; obliquement tronquées
au sommet, subrectilignes sur les côtés ou très-faiblement
arquées avant l'angle postérieur; finement et légèrement pubescentes; d'un noir plombé brillant; déprimées; assez for-

tement et assez densement ponctuées ; presque égales, ou avec deux très-faibles impressions : une juxta-suturale, l'autre juxta-subhumérale. *Epaules* peu saillantes, arrondies.

Abdomen aussi large que les élytres à sa base ; subparallèle ou faiblement atténué au sommet après son milieu ; médiocrement rebordé sur les côtés ; convexe ; d'un noir plombé, brillant ; revêtu d'une pubescence blanchâtre, un peu plus visible et un peu plus longue que sur le reste du corps ; densement ponctué, mais moins fortement que le prothorax et les élytres, avec les trois premiers segments transversalement déprimés à leur base, et très-brièvement mais distinctement caréné au milieu de celle-ci.

Dessous du corps assez convexe ; légèrement pubescent ; d'un noir brillant ; assez densement ponctué.

Pieds assez courts ; légèrement pubescents ; d'un noir brillant.

Patrie : Avenas (montagnes du Beaujolais).

Obs. Cette espèce ressemble au *St. atratulus* Er., dont elle diffère par sa forme plus étroite et par la brièveté de ses élytres. Celles-ci sont aussi beaucoup plus déprimées, moins inégales. La tête et le prothorax sont un peu moins densement ponctués.

Stenus sublobatus.

Elongatus, leviter convexus, subopacus, parcius breviusque albido-pubescens, dense rugoso-punctatus, niger, pedibus piceo brunneis, palporum articulo primo pallido, secundo piceo. Capite elytris paulo angustiore ; fronte latius obsoletiusque bisulcata. Pronoto lateribus rotundato-ampliato, subæquali. Elytris pronoto vix longioribus. Abdomine apicem versus leviter attenuato. Tarsis brevibus, anticis articulo penultimo distincte subbilobo.

Long. 0,003. Larg. 0,0008.

♂ *Cinquième segment ventral* sinué au milieu de son bord

apical, marqué au devant du sinus d'une dépression circulaire
et pubescente. *Sixième segment ventral* avec une échancrure
triangulaire, peu profonde et arrondie à son sommet.

Corps allongé, légèrement convexe ; densement et rugueusement ponctué ; d'un noir peu brillant ; revêtu d'une pubescence blanchâtre, courte, peu serrée, bien apparente seulement sur l'abdomen.

Tête transversale, sensiblement plus large que le prothorax, un peu plus étroite que les élytres ; à peine pubescente ;
d'un noir opaque ; densement et rugueusement ponctuée.
Front non excavé, mais largement et obsolètement bissillonné, avec l'intervalle médian peu saillant, assez large. *Parties
de la bouche* brunâtres, avec les *mandibules* ferrugineuses à
leur sommet. *Palpes maxillaires* à premier article pâle : le
deuxième couleur de poix : le troisième noir. *Yeux* saillants,
très-gros ; arrondis ; noirs. *Col* très-court, rugueux ; d'un noir
brillant ; presque entièrement engagé sous le prothorax.

Antennes pilosellées ; beaucoup plus courtes que la tête et
le prothorax réunis ; noirâtres ; à premier et deuxième articles épaissis , subégaux : les troisième à huitième subcylindriques, assez grèles : le troisième allongé, un peu plus long
que le quatrième : les quatrième à septième allongés , graduellement un peu plus courts : le huitième obconique, pas
plus long que large : les trois derniers formant une massue
allongée : les neuvième et dixième subtransversaux : le dernier courtement ovalaire, subacuminé au sommet.

Prothorax près d'une moitié plus étroit que les élytres à
sa base ; un peu plus long que large sur son milieu ; assez
fortement arrondi et élargi vers le milieu de ses côtés ; tronqué à la base et au sommet ; pas plus étroit en arrière qu'en
avant ; à peine pubescent ; d'un noir opaque ; faiblement
convexe ; densement et rugueusement ponctué ; subégal ou
marqué de chaque côté de deux impressions obliques, très-

obsolètes : une vers le milieu : l'autre au devant des angles postérieurs.

Ecusson très-petit; triangulaire; noir.

Elytres presque carrées, à peine plus longues que le prothorax; obliquement tronquées au sommet; subrectilignes sur les côtés ou légèrement arquées au dessus des angles externes; à peine pubescentes; d'un noir peu brillant; légèrement convexes; densement et rugueusement ponctuées; subégales ou avec une faible dépression le long de la suture, et une autre presque obsolète, au dessous et en dedans des *épaules* : celles-ci peu saillantes, arrondies.

Abdomen un peu plus étroit que les élytres à sa base; deux fois plus prolongé que celles-ci; légèrement et graduellement atténué vers son extrémité; faiblement rebordé sur les côtés; assez convexe; d'un noir peu brillant; revêtu d'une pubescence blanchâtre, courte, un peu plus apparente que sur le reste du corps; densement ponctué, mais beaucoup moins fortement et moins rugueusement que le prothorax et les élytres; avec les trois premiers segments transversalement déprimés à leur base et très-brièvement carénés au milieu de celle-ci.

Dessous du corps assez convexe, finement pubescent; assez densement ponctué; d'un noir assez brillant.

Pieds peu allongés; finement pubescents; d'un brun de poix assez obscur. *Tarses* courts, avec le pénultième article des *intermédiaires* et *postérieurs* cordiforme, et celui des *antérieurs* distinctement subbilobé.

Patrie : Environs de Lyon.

Obs. Cette espèce diffère du *St. argus* Gr. par sa couleur plus mate, son prothorax plus élargi sur son milieu; par sa ponctuation plus serrée et plus rugueuse, et par le pénultième article des tarses antérieurs en cœur plus profondément échancré ou presque bilobé.

Stenus major.

Subelongatus, subdepressus, parum nitidus, densius albido-pubescens, densius punctatus, plumbeo-niger, palporum basi antennisque testaceis, his apice infuscatis, articulo primo nigro. Capite pronoti latitudine, fronte latius bisulcata, interstitio convexo. Pronoto lateribus rotundato-ampliato, pone medium bi-impresso. Elytris pronoto longioribus, inæqualibus. Abdomine postice sensim attenuato. -

Long. 0,0055. Larg. 0,0015.

♂ *Troisième* et *quatrième segments ventraux* faiblement, le *cinquième* très-faiblement sinués au milieu de leur bord apical, le sinus cilié, surtout sur les côtés, d'assez longs poils blanchâtres. *Sixième segment ventral* profondément et triangulairement entaillé à son sommet.

♀ *Troisième*, *quatrième* et *cinquième segments ventraux* simples. Le *sixième* prolongé à son sommet en triangle un peu obtus.

Corps suballongé, subdéprimé, assez densement ponctué, assez inégal; d'un noir plombé un peu brillant sur les parties proéminentes; revêtu d'une pubescence blanchâtre, assez fournie.

Tête transversale, pas ou à peine plus large que le prothorax; brièvement et assez densement pubescente; d'un noir plombé peu brillant; densement et rugueusement ponctuée. *Front* largement bisillonné, avec l'intervalle médian postérieurement convexe, presque lisse, brillant. *Parties de la bouche* obscures. *Palpes maxillaires* à premier article testacé : le deuxième couleur de poix, testacé à la base : le dernier noir. *Yeux* très-gros, saillants, arrondis; noirâtres. *Col* assez libre; d'un noir assez brillant; rugueusement ponctué.

Antennes plus courtes que la tête et le prothorax réunis;

pilosellées ; testacées, avec le premier article noir et les cinq
derniers rembrunis : à deuxième et troisième articles légèrement épaissis, subégaux : les troisième à septième assez
grêles, subcylindriques : le troisième très-allongé, un peu
plus long que le quatrième : les quatrième à septième graduellement moins allongés en avançant vers le sommet : le
huitième un peu plus long que large : les trois derniers formant une massue allongée : le neuvième subtransversal : le
dixième pas plus large que long : le dernier subovalaire, subacuminé au sommet.

Prothorax beaucoup plus étroit que les élytres, un peu
plus long qu'il n'est large sur son milieu ; sensiblement élargi
et arrondi sur le milieu de ses côtés ; tronqué à la base et au
sommet ; à peine plus étroit en arrière qu'en avant ; densement pubescent ; d'un noir plombé subopaque, un peu plus
brillant sur la région médiane ; subdéprimé ; couvert d'une
ponctuation assez serrée sur les côtés et un peu moins sur le
dos ; et creusé de chaque côté, après son milieu, d'une impression oblique, assez marquée.

Ecusson petit, triangulaire ; d'un noir plombé.

Elytres en carré long, sensiblement plus longues que le
prothorax ; obliquement tronquées au sommet ; subrectilignes sur les côtés, ou seulement très-faiblement arquées au
devant des angles externes ; assez densement pubescentes ;
d'un noir plombé assez obscur et un peu plus brillant sur
les parties saillantes ; subdéprimées ; assez densement ponctuées ; passablement inégales, avec, chacune, trois impressions principales : une, assez forte, derrière l'écusson, le long
de la suture : la deuxième un peu plus faible, en dedans et
au-dessous de l'épaule : la troisième, encore plus faible,
presque obsolète, après le milieu, près des côtés. *Epaules*
assez saillantes, légèrement arrondies.

Abdomen un peu plus étroit que les élytres à sa base ; une fois et deux tiers plus prolongé que celles-ci; sensiblement et graduellement atténué vers son extrémité; assez fortement rebordé sur les côtés; passablement convexe; d'un noir plombé, assez brillant sur la région médiane; densement pubescent; densement et subrugueusement ponctué, avec le milieu du bord apical de chaque segment lisse ou presque lisse.

Dessous du corps assez convexe; assez densement pubescent; densement ponctué; d'un noir plombé assez brillant.

Pieds médiocrement allongés; pubescents; d'un noir plombé peu brillant. *Tarses* épais, assez courts.

Patrie : Environs de Nîmes.

Obs. Cette espèce est plus large, plus inégale, plus déprimée, plus densement pubescente, et moins brillante que les *St. subimpressus* et *plantaris* Er., auxquels elle ressemble au premier abord. Sa pubescence blanchâtre plus serrée lui donne une couleur grisâtre plus prononcée que chez aucune autre espèce.

Elle semble différer du *St. canescens* Rosenh. que nous ne connaissons pas, par ses antennes obscures à leur extrémité, par ses épaules moins rectangulaires, par ses élytres plus inégales, et par son abdomen plus densement ponctué.

Bledius nuchicornis.

Elongatus, leviter convexus, parum nitidus, tenuiter griseo-pubescens, niger, antennis pedibusque rufo-piceis; illis articulo primo infuscato; elytris fulvis, punctatis,]circa scutellum infuscatis. Fronte maris bicorni, cornibus declivibus. Pronoto dense rugoso-punctato, canaliculato, maris spinoso. Abdomine parce punctato.

Bledius tricornis. Olivier, Entom. T. III, n° 42. p. 30. 41, pl. VI, fig. 56.

Long. 0,0067. Larg. 0,0047.

♂ *Vertex* excavé. *Front* déprimé; armé, au-dessus de l'insertion des antennes, de deux cornes assez fortes, recourbées en dedans, et inclinées en devant. *Prothorax* prolongé en avant en une corne ou épine assez longue et distinctement canaliculée en dessus jusqu'à son sommet.

♀ *Vertex* et *front* légèrement convexes. Celui-ci seulement obtusément et angulairement tuberculeux au-dessus de l'insertion des antennes. *Prothorax* simple.

Corps allongé, légèrement convexe; peu brillant; revêtu d'une pubescence fine, grisâtre, peu serrée.

Tête subtriangulaire, un peu plus étroite que le prothorax; glabre; noire; très-finement chagrinée; assez brillante et imponctuée chez le ♂, subopaque et éparsement ponctuée chez la ♀; marquée entre l'insertion des antennes d'une ligne transversale fine, plus sensible chez les ♀ et creusée sur son milieu d'une petite fossette. *Front* offrant sur son milieu et en arrière, seulement chez les ♀, une petite fossette sulciforme. *Parties de la bouche* d'un roux de poix. *Yeux* saillants, assez gros, arrondis; d'un grisâtre obscur.

Antennes pubescentes; assez courtes, d'une moitié plus longues que la tête; graduellement plus épaisses vers leur extrémité; d'un roux de poix, avec le premier article noirâtre, d'un roux plus ou moins testacé à sa base et à son sommet : le même article passablement courbé, à son premier tiers, en massue assez forte et allongée : les deuxième et troisième oblongs, obconiques, subégaux : le quatrième à peine plus long que large : les cinquième à dixième transversaux et graduellement plus épais : le dernier obovalaire, obtus à son sommet.

Prothorax un peu plus étroit que les élytres, subtransversal, un peu moins long que large; tronqué au sommet et à la base, avec les angles antérieurs presque droits, mais légèrement arrondis à leur sommet; subrectiligne et subparallèle sur les côtés jusqu'après leur milieu, où ils sont brusquement et obliquement dirigés jusqu'aux angles postérieurs qui sont obtus et légèrement arrondis; brièvement pubescent; faiblement convexe; d'un noir peu brillant; finement chagriné, et marqué en outre d'une ponctuation rugueuse assez serrée; creusé sur son milieu d'un canal longitudinal qui se prolonge jusqu'au sommet de la corne chez le ♂.

Ecusson petit, transversal, subtriangulaire; d'un noir assez brillant; presque lisse.

Elytres presque carrées, un peu plus longues que le prothorax; tronquées au sommet, subrectilignes sur les côtés et fortement arrondies aux angles postéro-externes; légèrement pubescentes; faiblement convexes; assez densement et assez fortement ponctuées; peu brillantes; d'un rouge fauve, avec une grande tache juxta-scutellaire noirâtre, embrassant la plus grande partie de la suture et de la base. *Epaules* peu saillantes, arrondies.

Abdomen bien plus étroit que les élytres à sa base; trois fois plus prolongé que celles-ci; fortement rebordé sur les côtés; sensiblement arqué à ceux-ci et élargi après son milieu, puis brusquement rétréci vers le sommet; légèrement pubescent sur les côtés; faiblement convexe; très-finement et obsolètement chagriné; éparsement ponctué sur les côtés; d'un noir peu brillant, avec le sixième segment bordé à son sommet d'une étroite membrane blanchâtre.

Dessous du corps convexe, d'un noir brillant; revêtu d'une pubescence grisâtre, assez longue, mais peu serrée. *Dessous de la tête* distinctement chagriné. *Poitrine* éparsement ponctuée sur les côtés, lisse sur son milieu. *Ventre* régulièrement et assez densement, mais légèrement ponctué.

Pieds robustes, pilosellés, d'un roux de poix, avec les *cuisses* quelquefois un peu rembrunies; *tarses* plus clairs.

Patrie : Versailles. Juillet. Au bord du grand bassin, où il se creuse des galeries souterraines.

Obs. Cette espèce diffère du *Bl. tricornis* Er. par sa taille plus petite et par les cornes frontales du ♂ beaucoup plus longues. Celles-ci sont même plus développées que dans le *Bl. bicornis* ♂, mais déclives en avant, au lieu d'être redressées. Le prothorax est aussi plus densement ponctué, et n'offre qu'un étroit espace lisse le long du canal médian. Les élytres sont d'un rouge plus fauve, et leur tache scutellaire est toujours beaucoup plus étendue.

Sans aucun doute, on doit rapporter à cette espèce le *Bl. tricornis* d'Olivier, qui lui donne pour patrie les environs de Paris. D'ailleurs la taille et la figure semblent lui convenir plus qu'aux autres espèces voisines.

Bledius angustus.

Linearis, leviter convexus, nitidulus, densius longiusque griseo-pubescens, obsolete punctulatus, antennis pedibusque piceo-testaceis, elytris piceis. Capite pronoto paulo latiore, mandibulis maris porrectis, dente suberecto armatis. Pronoto parallelo, tenuissime canaliculato. Elytris pronoto longioribus. Abdomine sublævi. Antennarum articulis ultimis tribus abrupte crassioribus.

Long. 0,007. Larg. 0,0018.

♂ *Mandibules* armées, après leur milieu, d'une forte dent, assez longue et un peu redressée.

Corps linéaire; légèrement convexe; brillant; revêtu d'une pubescence fine, d'un gris obscur, assez longue et assez serrée.

Tête subtransversale, un peu plus large (avec les yeux) que le prothorax; finement chagrinée; d'un noir subopaque, avec le tubercule antennifère saillant et roussâtre. *Front* passablement convexe; marqué entre l'insertion des antennes d'une ligne transversale lisse. *Parties de la bouche* d'un roux de poix. *Mandibules* très-saillantes, armées après leur milieu, chez le ♂, d'une forte dent un peu redressée. *Yeux* saillants, assez gros; subarrondis; obscurs.

Antennes pubescentes; assez courtes, d'une moitié plus longues que la tête; graduellement et légèrement plus épaissies jusqu'à leur huitième article inclusivement, et terminées assez brusquement par trois articles plus gros; entièrement d'un testacé de poix assez clair; à premier article très-faiblement courbé à son premier tiers, en massue allongée : les deuxième et troisième allongés, obconiques : le deuxième évidemment plus long que le troisième : le quatrième un peu plus long que large : le cinquième pas plus long que large : les sixième à huitième subtransversaux : les trois derniers assez brusquement plus dilatés, surtout en dessous : les neuvième et dixième transversaux, obconiques : le dernier sub-hémisphérique, obtus au sommet.

Prothorax à peine plus étroit que les élytres, presque carré, pas plus long que large; tronqué au sommet et à la base, avec les angles antérieurs presque droits, mais infléchis, et presque obsolètes; rectiligne et parallèle sur les côtés jusqu'à leur dernier tiers, d'où ils se dirigent brusquement et obliquement vers les angles postérieurs qui sont obtus et légèrement arrondis; assez densement pubescent; faiblement convexe, un peu plus sensiblement en arrière; d'un noir brillant; marqué d'une ponctuation fine, obsolète, peu serrée, et dont les intervalles sont lisses; creusé en outre, sur son milieu, d'un canal longitudinal très-fin et peu profond.

Ecusson très-petit, subtriangulaire; lisse; d'un noir brillant.

Elytres en carré long, sensiblement plus longues que le prothorax; tronquées au sommet; subrectilignes et subparallèles sur les côtés, et légèrement arrondies aux angles externes; assez densement pubescentes; faiblement convexes ;

un peu plus fortement ponctuées que le prothorax ; brillantes ; entièrement d'une couleur de poix un peu roussâtre. *Epaules* peu saillantes, arrondies.

Abdomen à peine plus étroit que les élytres, une fois et demie plus prolongé que celles-ci ; passablement rebordé sur les côtés, très-faiblement arqué à ceux-ci ; pubescent ; faiblement convexe ; très-finement chagriné, presque imponctué sur les côtés ; d'un noir assez brillant, avec le sixième segment garni à son bord apical d'une membrane pâle, très-étroite ; cilié sur les côtés et au sommet d'assez longs poils obscurs.

Dessous du corps assez convexe ; d'un noir brillant ; pubescent ; légèrement mais peu densement ponctué.

Pieds robustes ; d'un testacé de poix : les *antérieurs* et *intermédiaires* fortement élargis et comprimés, ciliés à leur tranche externe de fortes épines horizontales.

Patrie. Cette ; au bord des eaux saumâtres.

Obs. — Cette espèce se distingue de toute autre par sa forme plus linéaire et par sa pubescence plus longue. La dent des mandibules du ♂ est un peu moins longue que dans le *B. verres* Er., et beaucoup plus longue que dans le *fossor* Heer.

Bledius brevicollis.

Elongatus, levissime convexus, opacus, brevissime pruinoso-pubescens, subtiliter coriaceus, niger, antennis pedibusque picco-testaceis, elytrorum apice et limbo laterali pallidis. Pronoto brevi, œquali. Elytris pronoto sesqui longioribus. Abdomine parallelo, subnitido. Antennis brevibus. Mandibulis porrectis.

Long. 0,0023. Larg. 0,0006.

Corps allongé, très-faiblement convexe ; finement chagriné, pruineux ; d'un noir profond et tout-à-fait mat sur les élytres, un peu plus brillant sur l'abdomen.

Tête transversale, plus étroite que le prothorax, sensiblement rétrécie au devant des yeux ; finement chagrinée ; d'un noir opaque ; couverte d'une pubescence très-courte et pruineuse. *Front* assez convexe , marqué entre l'insertion des antennes d'une ligne transversale fine et peu enfoncée. *Parties de la bouche* d'un roux ferrugineux. *Mandibules* avancées, assez grèles, sensiblement dentées avant leur extrémité. *Yeux* assez gros, obovalaires, très-saillants; d'un brun grisâtre.

Antennes pubescentes; courtes, un peu plus longues que la tête; graduellement un peu plus épaisses vers leur sommet ; d'un testacé de poix assez clair, avec l'extrémité un peu plus obscure à partir du sixième article ; à premier article allongé, en massue : le deuxième oblong, obconique, deux fois plus long que le troisième : celui-ci petit, obconique, pas plus long que large : les quatrième à dixième sensiblement transversaux et graduellement plus épais : le dernier subhémisphérique, obtus à son sommet.

Prothorax de la largeur des élytres, fortement transversal, près d'une moitié moins long que large ; tronqué à la base, largement et subbissinueusement échancré au sommet, avec les angles antérieurs bien prononcés, aigus et prolongés en avant; subrectiligne sur les côtés jusqu'après leur milieu où ils sont brusquement et obliquement dirigés jusqu'aux angles postérieurs qui sont très-obtus et assez fortement arrondis ; légèrement convexe ; densement et rugueusement chagriné ; d'un noir opaque, et couvert d'une pubescence très-courte et pruineuse.

Ecusson très-petit, à peine visible; triangulaire ; noir.

Elytres en carré un peu plus long que large, une fois et demie plus longues que le prothorax ; obtusément tronquées au sommet; subrectilignes et subparallèles sur les côtés, avec les angles externes largement arrondis ; faiblement convexes ; couvertes d'une pubescence très-courte et pruineuse ; dense

ment et rugueusement chagrinées ; d'un noir opaque, avec le
bord apical, les côtés et toute la partie réfléchie d'un testacé
très-pâle et un peu blanchâtre. *Epaules* assez saillantes, légèrement arrondies.

Abdomen un peu plus étroit que les élytres à sa base ;
une fois et demie plus prolongé que celles-ci ; fortement rebordé et parallèle sur les côtés ; finement pubescent ; faiblement convexe ; finement et obsolètement chagriné ; d'un noir
assez brillant, avec le sixième segment bordé d'une étroite
membrane pâle, et les intersections des cinq premiers ciliées
de poils grisâtres.

Dessous du corps assez convexe; finement pubescent ; légèrement et assez densement ponctué ; d'un noir brillant, avec
le dessous du prothorax ferrugineux.

Pieds médiocres; finement pubescents; d'un testacé de poix
assez clair, avec les *cuisses postérieures* un peu plus obscures.
Tibias finement spinosules.

Patrie : Hyères. Juin. Au bord de la mer, dans le sable
humide.

Obs. Cette espèce a le port d'un petit *Bledius arenarius* Pk.
Son prothorax et ses élytres imponctués, seulement chagrinés, l'éloignent de tous ses congénères.

Platystethus tristis.

*Oblongus, subdepressus, subtiliter alutaceus, subopacus, niger, pedibus
brunneo piceis, tarsis dilutioribus. Fronte crebrius punctata, maris
apice bispinosa. Pronoto fortius caniculato, obsolete punctato. Elytris
semper concoloribus, pronoto subbrevioribus, obsoletius punctatis.*

Long. 0,003. Larg. 0,001.

♂ *Sixième segment ventral* avec une échancrure brusque
et peu profonde, remplie par une membrane obscure. *Epistome* armé en devant de deux épines.

♀ *Sixième segment ventral* simple. *Epistome* mutique.

Corps oblong, subdéprimé; finement chagriné; d'un noir presque mat, avec l'abdomen un peu plus brillant.

Tête transversale, un peu plus large que le prothorax chez les ♂, ou un peu moins large que ce même organe chez les ♀ et les ♂ dégénérés; finement chagrinée; d'un noir peu brillant; offrant sur les côtés quelques rares poils obscurs. *Front* subdéprimé; assez densement ponctué; creusé en devant de chaque côté d'une fossette oblongue située en dedans du tubercule antennifère; présentant en arrière sur le vertex une ligne transversale enfoncée et fine, n'atteignant pas les côtés, et sur laquelle viennent aboutir en avant deux fossettes latérales et un sillon médian : celui-ci en forme de strie, prolongé jusqu'au niveau des yeux : celles-là arrondies, souvent ombiliquées.

Epistome muni de chaque côté d'une forte épine aiguë, chez le ♂. *Parties de la bouche* roussâtres, avec le sommet des *mandibules* et les *palpes maxillaires* rembrunis. *Yeux* médiocres, arrondis, peu saillants; noirâtres.

Antennes assez longues; pubescentes; une fois et trois quarts plus longues que la tête, graduellement un peu plus épaisses vers l'extrémité; entièrement noires; à premier article en massue allongée : les deuxième et troisième oblongs, obconiques : le deuxième un peu plus long que le troisième : les quatrième à dixième graduellement un peu plus courts et un peu plus épais : les extérieurs légèrement transversaux : le dernier ovalaire-oblong, obtusément acuminé au sommet.

Prothorax fortement transversal, antérieurement de la largeur des élytres, d'une moitié moins long que large; arrondi à la base et sur les côtés de manière à former simultanément un seul et même arc régulier, avec les angles postérieurs nuls; légèrement et bissinueusement échancré au sommet, avec les angles antérieurs proéminents, aigus et légèrement arrondis à leur sommet; faiblement convexe; finement chagriné; d'un noir peu brillant; offrant sur les côtés quelques rares poils obscurs; éparsement et légèrement ponctué sur le disque, et creusé sur son milieu d'un sillon longitudinal bien marqué.

Ecusson cordiforme; lisse; d'un noir brillant.

Elytres en carré fortement transversal, presque plus courtes que le prothorax; tronquées au sommet; très-faiblement arquées sur les côtés, avec les angles externes obtus et très-légèrement arrondis au sommet; subdéprimées; d'un noir presque mat; finement chagrinées; éparsement et un peu plus obsolètement ponctuées que le prothorax. *Epaules* peu saillantes, arrondies.

Abdomen plus étroit que les élytres à sa base; deux fois environ plus prolongé que celles-ci; fortement rebordé sur les côtés; arcuément élargi à sa partie postérieure; faiblement convexe; très-finement et obsolètement chagriné; d'un noir assez brillant; cilié vers l'extrémité de quelques poils obscurs, et aux intersections de quelques légers poils grisâtres.

Pieds peu allongés; légèrement pubescents; d'un brun de poix, et les *tarses* plus clairs.

PATRIE : Environs de Lyon, Beaujolais, Languedoc.

Obs. Cette espèce ressemble beaucoup au *Plat. cornutus* GRAV. Elle est toujours d'une couleur plus mate; elle est moins lisse et plus visiblement chagrinée. Les élytres sont plus obsolètement ponctuées, et jamais testacées ou même couleur de poix sur leur disque. Les fossettes latérales du vertex sont toujours ponctiformes et jamais prolongées en avant en forme de stries. Tous ces caractères, bien que minimes, se représentent d'une manière constante, nette et invariable chez tous les sujets. Elle est ordinairement plus méridionale que le *Plat. cornutus* GRAV., et ne se rencontre jamais mêlée avec cette espèce.

Oxytelus parvulus.

Sublinearis, subdepressus, subnitidus, subtiliter cinereo-pubescens, piceus, capite abdomineque obscuris, pedibus antennisque piceo-testaceis, his basi dilutioribus; pronoto leviter transverso, subcordato, dorso obsolete longitudinaliter bi-impresso. Elytris pronoto paulo longioribus, confertissime subtiliter punctatis. Antennarum articulis ultimis tribus subabrupte crassioribus.

Long. 0,0017. Larg. 0,0005.

Variétés : a. Prothorax et élytres d'un roux de poix.

        b. Prothorax d'un roux de poix, élytres d'un roux testacé.

        c. Tête d'un roux de poix; prothorax et élytres d'un roux testacé.

Corps presque linéaire, subdéprimé; couvert d'une pubescence fine et cendrée ; un peu brillant, avec l'abdomen presque mat.

Tête transversale, subtriangulaire, de la largeur du prothorax; finement pubescente; d'un noir peu brillant; très-finement et très-densement ponctuée ; creusée de chaque côté vers la base des antennes d'une impression oblongue. *Front* faiblement convexe. *Parties de la bouche* testacées, avec les *mandibules* rembrunies. *Yeux* assez petits, arrondis, peu saillants ; noirâtres. *Col* d'un noir assez brillant ; très-finement chagriné en travers.

Antennes finement pubescentes ; assez développées, aussi longues que la tête et le prothorax réunis; terminées par trois articles un peu plus gros ; d'un testacé de poix, avec les deux ou trois premiers articles un peu plus clairs ; à premier article en massue oblongue : le deuxième oblong, obconique, trois fois plus long que le suivant : le troisième obconique, pas plus long que large, sensiblement plus long que le qua-

trième : les quatrième à huitième sensiblement transversaux,
avec le cinquième évidemment plus grand et plus épais que
ceux entre lesquels il se trouve placé : les trois derniers légèrement renflés en massue : les neuvième et dixième transversaux : le dernier courtement ovalaire, obtus à son sommet.

Prothorax un peu plus étroit que les élytres, légèrement
transversal, subcordiforme, un peu moins long que large ;
tronqué au sommet, avec les angles antérieurs obtus ; légè-
rement-arrondi sur les côtés, assez sensiblement rétréci en
arrière ; faiblement arrondi à la base ainsi qu'aux angles
postérieurs ; subdéprimé ; brièvement pubescent ; d'une couleur de poix assez brillante, quelquefois assez obscure, souvent plus ou moins roussâtre ; très-finement et très-densement
ponctué et comme chagriné ; creusé sur le milieu du dos de
deux impressions longitudinales, plus ou moins interrompues
à leur milieu, et plus ou moins affaiblies.

Ecusson indistinct.

Elytres carrées ; un peu plus longues que le prothorax ;
tronquées au sommet ; rectilignes sur les côtés, avec les angles externes légèrement arrondis ; subdéprimées ; finement
pubescentes ; d'un brun de poix assez brillant, quelquefois
assez obscur, souvent plus ou moins roussâtre ; très-densement
et finement ponctuées, et creusées vers la suture d'une impression longitudinale, ne s'effaçant ordinairement qu'un
peu avant l'extrémité. *Epaules* subrectangulaires, légèrement
arrondies au sommet.

Abdomen à peine plus étroit que les élytres à sa base ;
deux fois et demie plus prolongé que celles-ci ; fortement
rebordé sur les côtés, subrectiligne à ceux-ci jusqu'au sommet du cinquième segment, à partir duquel il se rétrécit
assez brusquement ; finement pubescent ; légèrement convexe ; finement et densement chagriné ; d'un noir peu bril-

lant, avec l'extrémité du sixième segment couleur de poix et garni d'une étroite membrane blanchâtre.

Dessous du corps assez convexe ; pubescent ; très-finement et très-densement ponctué ; d'un noir assez brillant, avec le dessous du prothorax plus ou moins ferrugineux.

Pieds finement pubescents ; d'un testacé de poix plus ou moins clair, avec les *cuisses* ordinairement un peu plus obscures.

Patrie : Hyères. Février, mars ; au bord des salines.

Obs. Cette espèce est très-voisine des *Ox. pusillus* Grav. et *tenellus* Er.; mais c'est avec ce dernier seul qu'on pourrait la confondre. Elle en diffère néanmoins par sa forme un peu moins linéaire, par son abdomen plus parallèle, par ses élytres plus courtes, et par ses antennes plus longues, à septième article non visiblement plus grand ni plus épais que ceux qui lui sont contigus.

Trogophlæus anthracinus.

Elongatus, leviter convexus, nitidus, breviter parce cinereo-pubescens, atro-niger, antennis pedibusque piceis, geniculis, tibiarum apice tarsisque testaceis. Capite pronotoque subtilissime leviter coriaceis ; hoc transverso, subcordato, dorso 4-foveolato. Elytris fortius parciusque punctatis, pronoto sesqui longioribus.

Long. 0,003. Larg. 0,0009.

Corps allongé, légèrement convexe ; d'un noir brillant ; couvert d'une pubescence cendrée, courte et peu serrée.

Tête subtriangulaire, un peu plus étroite que le prothorax ; légèrement pubescente, d'un noir assez brillant ; très-finement et densement chagrinée ; creusée de chaque côté vers la base des antennes d'une impression oblongue, bien marquée. *Front* assez convexe, offrant en arrière sur le vertex

12

une petite fossette plus ou moins oblongue. *Parties de la
bouche* roussâtres, avec les *mandibules* et le troisième article
des *palpes maxillaires* rembrunis. *Yeux* globuleux, assez saillants, noirs. *Col* bien distinct; d'un noir brillant; très-finement et transversalement chagriné.

Antennes finement pubescentes; assez grèles; de la longueur
de la tête et du prothorax réunis; graduellement un peu
plus épaisses vers le sommet; entièrement d'un noir de poix,
avec la base des deuxième et troisième articles quelquefois
un peu plus claire; à premier article allongé en massue : les
deuxième et troisième oblongs, obconiques, subégaux : les
quatrième à dixième plus longs que larges, graduellement un
peu plus courts et plus épais en approchant de l'extrémité :
le dernier ovalaire, obtusément acuminé au sommet.

Prothorax un peu plus étroit que les élytres ; transversal,
subcordiforme, d'une moitié environ moins long que large ;
tronqué au sommet, avec les angles antérieurs légèrement
obtus ; très-faiblement arrondi à la base, avec les angles postérieurs obtus et un peu arrondis à leur sommet; fortement
arrondi sur les côtés antérieurement, fortement rétréci en
arrière, où il est d'une moitié plus étroit qu'en avant; faiblement convexe ; parcimonieusement pubescent ; d'un noir
brillant; très-finement et obsolètement chagriné; légèrement
rugueux sur les côtés, et creusé sur le milieu du dos de deux
impressions oblongues, ordinairement interrompues et réduites à quatre fossettes, dont les postérieures plus arrondies
et plus profondes.

Ecusson indistinct.

Elytres presque carrées; d'une moitié plus longues que le
prothorax ; deux fois plus larges que celui-ci à sa base; tronquées au sommet ; subrectilignes sur les côtés, avec les angles externes obtus et légèrement arrondis à leur sommet;
légèrement convexes; d'un noir très-foncé et très-brillant ;

couvertes d'une pubescence courte, fine, cendrée, peu serrée;
assez fortement mais peu densement ponctuées, et creusées
vers la suture d'une impression longitudinale bien marquée
à la base, mais s'effaçant avant le milieu. *Epaules* assez saillantes, légèrement arrondies.

Abdomen plus étroit que les élytres à sa base; deux fois
plus prolongé que celles-ci; fortement rebordé et légèrement
arqué sur les côtés; finement pubescent; légèrement convexe;
très-finement et obsolètement chagriné; d'un noir brillant,
avec le sixième segment garni à son bord apical d'une membrane pâle.

Dessous du corps convexe; pubescent; d'un noir brillant ;
finement, densement et très-légèrement ponctué.

Pieds peu allongés; assez grèles; pubescents ; d'un brun
de poix, avec les *genoux*, la base et le sommet des *tibias* et
les *tarses* d'un testacé plus ou moins clair.

Patrie : Hyères, Nîmes. Juin. Rare.

Obs. Cette espèce rappelle le *Trog. inquilinus* Er. quant à
la couleur des antennes et des pieds, et le *Trog. riparius* Sac.
quant à la taille et à la forme allongée. Elle se distingue de
l'un et de l'autre par sa tête et son prothorax imponctués,
seulement finement et obsolètement chagrinés , et par ses
élytres moins densement ponctuées.

Anthophagus crassicornis.

*Oblongus, subdepressus, nitidus, parce breviter luteo-pubescens, rufo-tes-
taceus, femoribus dilutioribus, abdomine ante apicem, elytrisque apice
infuscatis. Capite pronotoque crebre fortiter, elytris minus crebre punctatis. Antennis parum elongatis, validis, incrassatis.*

Long. 0,0058. Larg. 0,0022.

♂ *Tête* aussi large que le prothorax. *Sixième segment ventral* échancré; le *septième* prolongé en forme de triangle
émoussé au sommet.

♀ *Tête* un peu plus étroite que le prothorax. *Sixième segment ventral* simple, prolongé en triangle obtusément tronqué au sommet. Le *septième* non apparent.

Corps oblong; subdéprimé; brillant; couvert d'une pubescence courte, jaunâtre, peu serrée.

Tête forte, subtriangulaire, subdéprimée; couverte d'une pubescence jaunâtre, courte et peu serrée; d'un roux testacé brillant; fortement et assez densement ponctuée, et lisse à l'épistome. *Front* creusé de deux petites strioles longitudinales, un peu plus profondes en arrière, et divergeant en avant. *Parties de la bouche* roussâtres, avec les *palpes* plus clairs. *Yeux* médiocres, globuleux, assez saillants, brunâtres. *Col* court, assez épais; légèrement convexe; assez brillant; finement chagriné; d'un roux testacé.

Antennes épaisses, filiformes; un peu plus longues que la tête et le prothorax réunis; d'un roux ferrugineux, avec les intersections un peu rembrunies; à premier article épais, allongé, en massue subcylindrique : les deuxième et troisième un peu plus étroits que le premier, oblongs, obconiques, subégaux : les quatrième à dixième épais, subcylindriques : les quatrième et cinquième à peine plus longs que larges : les sixième à dixième un peu plus longs que larges, graduellement moins courts en approchant de l'extrémité : le dernier fusiforme, obtusément acuminé au sommet, d'un tiers plus long que le précédent.

Prothorax en carré transversal, beaucoup plus étroit que les élytres, sensiblement moins long que large; assez fortement arrondi sur les côtés en avant, légèrement rétréci en arrière; tronqué au sommet et à la base, avec les angles antérieurs fortement arrondis et les postérieurs droits; faiblement convexe; d'un roux testacé brillant; couvert d'une pubescence jaunâtre, fine, couchée et peu serrée; assez fortement et assez densement ponctué; et marqué un peu avant la base de deux impressions obsolètes, ovalaires, séparées entre elles par un espace longitudinal lisse, court et assez large.

Ecusson assez grand , triangulaire ; lisse ; glabre ; roussâtre.

Elytres en carré long, deux fois et un quart plus longues que le prothorax ; subrectilignes et subparallèles sur les côtés ; fortement arrondies aux angles externes ; faiblement convexes ; subdéprimées le long de la suture ; couvertes d'une pubescence jaunâtre, couchée, peu serrée ; assez fortement mais moins densement ponctuées que la tête et le prothorax ; d'un roux testacé brillant, avec l'extrémité légèrement rembrunie. *Epaules* peu saillantes, arrondies.

Abdomen sensiblement plus court que les élytres ; un peu plus étroit que celles-ci à sa base ; largement rebordé sur les côtés ; légèrement arqué à ceux-ci ; assez brusquement rétréci à son sommet ; faiblement convexe ; légèrement pubescent ; obsolètement et rugueusement ponctué, principalement sur les côtés ; d'un roux testacé, avec une grande tache rembrunie, indéterminée, avant l'extrémité , couvrant une grande partie du quatrième segment, les cinquième et sixième presque entièrement, avec ce dernier quelquefois plus clair, au moins à son sommet.

Dessous du corps finement pubescent ; légèrement convexe ; d'un roux testacé brillant, avec le cinquième segment ventral rembruni. *Poitrine* assez fortement ponctuée. *Ventre* obsolètement et rugueusement ponctué.

Pieds assez allongés ; pubescents ; d'un roux testacé, avec les *cuisses* un peu plus pâles, et la base des *tibias* un peu rembrunie. *Cuisses* assez renflées.

Patrie : Chamouni. Août.

Obs. Cette espèce ressemble à l'*Anth. præustus* Muller. Elle en diffère néanmoins par ses antennes plus courtes et beaucoup plus épaisses, à articles moins allongés, et par ses cuisses un peu plus renflées.

Omalium impar.

Oblongum, leviter convexum, nitidulum, inæquale, subglabrum, nigrum, antennarum basi pedibusque rufo-ferrugineis. Elytris crebrius, capite pronotoque parcius punctatis. Hoc foveolis 4 oblongis, profundis, impresso, basi vix angustato. Abdomine brevi, subtilissime coriaceo.

Long. 0,003. Larg. 0,0012.

♂ *Sixième segment abdominal* obtusément tronqué; le *septième* apparent. *Sixième segment ventral* largement tronqué; le *septième* apparent.

♀ *Les sixièmes segments abdominal* et *ventral* prolongés en triangle arrondi au sommet : le *septième* caché.

Corps oblong, faiblement convexe; presque glabre; assez fortement ponctué; d'un noir brillant et comme vernissé.

Tête subtriangulaire, sensiblement plus étroite que le prothorax; subdéprimée; glabre ou avec quelques rares poils courts à l'épistome et derrière les yeux; d'un noir brillant; parcimonieusement et assez fortement ponctuée en arrière, lisse à sa partie antérieure; creusée de chaque côté, en arrière, près des yeux, d'une fossette arrondie profonde, et en avant, près de l'insertion des antennes, d'une autre fossette oblongue, ordinairement prolongée jusqu'à la précédente, avec laquelle elle se confond le plus souvent.

Parties de la bouche roussâtres, avec les *palpes maxillaires* rembrunis à leur extrémité. *Yeux* assez gros, assez saillants, arrondis; d'un noir mat. *Col* très-court, éparsement ponctué, d'un noir assez brillant.

Antennes pubescentes; à peine de la longueur de la tête et du prothorax réunis; graduellement épaissies vers leur sommet; noirâtres, avec les quatre ou cinq premiers ar-

ticles d'un roux ferrugineux ; à premier article en massue
oblongue : le deuxième plus grêle, oblong : le troisième
allongé, obconique, visiblement plus long que le précédent : les quatrième à sixième subégaux, elliptiques, graduellement un peu plus épais, un peu plus longs que larges :
le septième pas plus long que large : les huitième à dixième
sensiblement transversaux : le dernier courtement ovalaire,
obtusément acuminé au sommet.

Prothorax transversal ; sensiblement plus étroit que les
élytres ; d'un tiers moins long que large, à peine rétréci en
arrière ; tronqué à la base et au sommet, avec les angles antérieurs légèrement arrondis, et les postérieurs un peu obtus ;
légèrement arrondi en avant sur les côtés ; faiblement convexe ; d'un noir brillant ; glabre ; parcimonieusement et assez
fortement ponctué ; creusé sur le disque de quatre fossettes
oblongues : lès deux intérieures légèrement arquées, un peu
plus larges et plus profondes en arrière : les deux externes
submarginales, souvent raccourcies en arrière. La partie antérieure présente aussi quelquefois sur son milieu une fossette
obsolète, ovalaire.

Ecusson triangulaire ; lisse ; d'un noir brillant.

Elytres oblongues, deux fois plus longues que le protho-
thorax ; tronquées au sommet, subrectilignes sur les côtés,
largement arrondies aux angles externes ; subdéprimées ;
presque glabres ou avec quelques rares poils courts, obsolètes, vers les épaules ; d'un noir de poix brillant, avec le
calus huméral et le sommet souvent un peu plus clairs ;
creusées d'une fossette intra-humérale oblongue plus ou
moins obsolète, et d'une impression juxta-suturale, assez
profonde, et toujours bien marquée ; couvertes en outre d'une
ponctuation assez forte et assez serrée, qui se transforme
souvent vers le sommet en rides ou rugosités longitudinales.
Calus huméral peu saillant, légèrement arrondi.

Abdomen d'un tiers plus court que les élytres, de la largeur de celles-ci à sa base; largement et fortement rebordé sur les côtés; légèrement arqué à ceux-ci, brusquement rétréci à son sommet; faiblement convexe; très-finement pointillé et comme chagriné; revêtu, principalement aux intersections et sur les côtés, d'une pubescence très-courte, peu serrée et jaunâtre; d'un noir peu brillant, avec le sommet d'un roux de poix, plus ou moins ferrugineux.

Dessous du corps légèrement convexe; d'un noir brillant, avec l'anus ferrugineux. *Poitrine* assez fortement, *ventre* très-obsolètement ponctués.

Pieds peu allongés; légèrement pubescents; d'un roux ferrugineux, avec les *tarses* un peu plus clairs.

Patrie : Hyères. Au bord des eaux salées.

Obs. Cette espèce est toujours plus noire que l'*Om. rivulare* Grav., et généralement d'une taille inférieure. La tête est proportionnellement plus étroite; le prothorax est moins court, un peu moins rétréci en arrière, avec les angles postérieurs moins droits et moins prononcés, et les antérieurs moins fortement arrondis. Il est aussi plus inégal, et il présente une fossette oblongue, toujours prononcée, située en dehors des deux fossettes discoïdales. Les élytres sont proportionnellement plus allongées, et les pieds d'une couleur moins pâle.

Anthobium obliquum.

Breviusculum, subdepressum, subnitidum, subglabrum, pallido-testaceum, oculis nigris, antennis apice infuscatis. Capite pronotoque sparsim obsolete punctulatis; hoc brevi, dorso obsolete bi-impresso. Elytris pronoto triplo longioribus, distinctius dense punctatis. Abdomine apice acuminato, pilosello.

Long. 0,002. Larg. 0,004.

♂ *Sixième segment ventral* assez profondément échancré à

son sommet. *Abdomen* et *ventre* d'un noir brillant. *Elytres* individuellement et obtusément arrondies à leur sommet, formant simultanément à la suture un angle rentrant pro-noncé.

♀ *Sixième segment ventral* prolongé au sommet en triangle arrondi. *Abdomen* et *ventre* testacés, avec le cinquième seg-ment rembruni. *Elytres* un peu plus prolongées que chez le ♂, arrondies au sommet vers l'angle externe, brusquement et obliquement tronquées à l'angle sutural.

Corps assez court, subdéprimé ; presque glabre ; d'un testacé un peu rougeâtre et presque mat sur la tête et sur le prothorax, pâle et brillant sur les élytres.

Tête transversale, triangulaire; sensiblement plus étroite que le prothorax ; entièrement d'un testacé rougeâtre assez pâle. *Front* déprimé ; éparsement et obsolètement ponctué, et marqué entre les yeux de deux petites fossettes arrondies. *Parties de la bouche* testacées, avec les *mandibules* légèrement rembrunies à leur sommet. *Yeux* assez grands, arrondis, saillants; noirs.

Antennes pubescentes; aussi longues que la tête et le pro-thorax réunis; graduellement épaissies vers leur sommet; testacées, avec les cinq derniers articles rembrunis; à pre-mier article un peu épaissi, oblong : le deuxième ovalaire : le troisième oblong, un peu plus grêle et à peine plus long que le précédent : les quatrième à septième graduellement un peu plus épais, submoniliformes : les huitième à dixième légèrement transversaux : le dernier ovalaire, subacuminé au sommet.

Prothorax fortement transversal ; un peu plus étroit que les élytres, une fois moins long que large ; tronqué au som-met et à la base ; un peu obliquement coupé sur les côtés de celle-ci, assez fortement arrondi et rebordé sur les côtés, avec les angles antérieurs arrondis, et les postérieurs très-

obtus, émoussés; un peu plus étroit en avant qu'en arrière;
très-faiblement convexe, sensiblement déprimé vers les angles
postérieurs; d'un testacé pâle, presque mat et un peu rougeâtre; éparsement et très-obsolètement ponctué, et creusé
sur le dos de deux impressions assez larges, mais peu profondes et souvent effacées.

Ecusson subtriangulaire; lisse ou très-finement chagriné;
d'un testacé mat et un peu rougeâtre.

Elytres oblongues, trois fois (♂) ou trois fois et demie (♀)
aussi longues que le prothorax; recouvrant les quatre premiers (♂) ou les cinq premiers (♀) segments de l'abdomen;
sensiblement plus larges en avant qu'en arrière; subrectilignes sur les côtés, largement arrondies aux angles externes,
plus ou moins arrondies au sommet; subdéprimées; d'un
testacé pâle; assez densement et fortement ponctuées.

Abdomen court, subacuminé; pilosellé à son sommet;
lisse ou obsolètement chagriné; d'un noir brillant (♂), ou
testacé avec le cinquième segment rembruni (♀).

Dessous du corps faiblement convexe; légèrement pubescent; presque lisse ou très-obsolètement ponctué. *Poitrine*
testacée. *Ventre* noir (♂) ou d'un testacé un peu rougeâtre
avec le cinquième segment rembruni (♀).

Pieds assez courts; pubescents; testacés. *Cuisses* épaisses,
latéralement comprimées.

Patrie : Suisse. Juin.

Obs. Cette espèce a le port de l'*Anthobium sorbi.* Elle en
diffère essentiellement par son front plus déprimé, par son
prothorax bi-impressionné, et par les élytres des ♀ dont
l'angle sutural est brusquement et largement tronqué.

Ptilium variolosum.

Oblongum, crassiusculum, convexum, nitidissimum, lateribus parcè griseo-pubescens, fortiter punctatum, nigro-piceum, elytrorum margine apicali rufo-piceo, antennis pedibusque piceo-testaceis. Pronoto œquali, lateribus rotundato, angulis posticis subrectis, non productis. Elytris apice obtuse truncatis; pygidio libero, producto.

Long. 0,0007. Larg. 0,0004.

Corps oblong, épais; convexe ; d'un noir de poix très-brillant; fortement ponctué; garni sur les côtés d'une pubescence grisâtre assez longue et peu serrée.

Tête transversale , légèrement inclinée; d'un tiers plus étroite que le prothorax; très-convexe; couverte d'une ponctuation bien distincte, assez forte et assez serrée; d'un noir brillant, avec les *parties de la bouche* moins obscures. *Yeux* arrondis, assez saillants; grisâtres. *Col* court; lisse; d'un noir très-brillant.

Antennes pilosellées; un peu plus longues que la tête et le prothorax réunis ; d'un testacé de poix plus ou moins obscur ; à premier et deuxième articles épaissis : les intermédiaires petits et grêles : les trois derniers formant une massue très-allongée : le dernier elliptique, subacuminé au sommet.

Prothorax transversal; presque une fois moins long que large ; aussi large à sa base que la base des élytres; un peu plus étroit en avant qu'en arrière ; assez fortement arrondi sur le milieu de ses côtés, où il est aussi large que les élytres sur leur plus grande largeur; tronqué à la base et au sommet, avec les angles antérieurs obtus ; très-étroitement mais distinctement rebordé sur les côtés : ceux-ci très-légèrement sinués au devant des angles postérieurs, qui sont droits ou presque droits et non prolongés en arrière; fortement convexe; d'un noir de poix très-brillant et comme vernissé; paré sur les côtés d'une pubescence grisâtre, assez longue, couchée, dirigée en arrière, mais peu fournie; couvert sur toute sa surface d'une ponctuation assez forte, assez grossière, et médiocrement serrée.

Ecusson petit; subtriangulaire; obsolètement ponctué; d'un noir brillant.

Elytres deux fois plus longues que le prothorax; en carré long; obtusément tronquées au sommet; subparallèles ou faiblement arrondies sur les côtés un peu après leur milieu; assez convexes; garnies sur les côtés d'une pubescence grisâtre, fine, assez longue, couchée, peu serrée, dirigée en arrière; couvertes sur leur surface d'une ponctuation presque aussi grossière que celle du prothorax, mais plus légère et comme ruguleuse; d'un noir de poix très-brillant, avec l'extrémité parée d'une bordure transparente, d'un roux de poix plus ou moins clair, remontant sur les côtés jusque près de leur milieu.

Pygidium non recouvert par les élytres; saillant, subtriangulaire; légèrement ponctué; d'un noir brillant.

Dessous du corps assez convexe; presque lisse; d'un noir de poix brillant.

Pieds assez courts; très-légèrement pubescents; d'un testacé de poix plus ou moins obscur.

PATRIE : Environs de Cluny. Juin. Sous les écorces.

Obs. Cette espèce est remarquable par sa couleur très-brillante, par sa ponctuation grossière., et surtout par sa forme épaisse qui lui donne l'aspect d'un petit *Cercus* (*Cercus rufilabris* LATR.)

DESCRIPTION

DE

DEUX COLÉOPTÈRES NOUVEAUX

OU PEU CONNUS,

PAR

E. MULSANT et Cl. REY.

(Luc à la Société Linnéenne de Lyon.)

Molorchus Kiesenwetteri.

*Dessous du corps , tête et prothorax , noirs : labre, épistome et palpes,
testacés : antennes d'un testacé fauve : élytres d'un roux testacé , avec
le tiers postérieur d'un brun fauve : pieds fauves. Deuxième article
des antennes égal à la moitié du suivant. Prothorax assez fortement
ponctué ; sans reliefs , en dessus. Elytres à peine aussi longuement
prolongées que les hanches postérieures ; arrondies à l'extrémité.
Massue des cuisses ovale , quatre fois environ aussi large que le pédicule.*

Long. 0,0067 (3 l.). Larg. 0,0015 (2/3 l.).

Corps allongé ; subparallèle. *Tête* ponctuée ; hérissée de
poils obscurs ; concave ou largement canaliculée entre les
antennes ; noire. *Épistome, labre* et *palpes,* testacés. *Antennes*
plus longuement prolongées que le corps chez le ♂ ; sétacées ;
d'un testacé fauve ; hérissées de poils longs et clairsemés sur
les cinq premiers articles : le deuxième , de moitié environ
aussi long que le troisième. *Yeux* noirs ; très-étroitement prolongés en arrière, à partir de l'angle postéro-externe de leur
partie principale, c'est-à-dire après l'insertion des antennes.
Prothorax tronqué à son bord antérieur ; un peu moins large
en devant que la tête ; élargi , d'avant en arrière , en ligne
à peu près droite, jusqu'aux deux tiers de la longueur de ses
côtés ; sensiblement plus large dans ce point que la tête ;
rétréci ensuite en ligne à peu près droite ; de moitié plus long
qu'il est large à la base ; relevé en rebord à cette dernière ,

et creusé d'un sillon transversal au devant de ce rebord ; faiblement relevé en rebord, en devant; sans rebord sur les
côtés; planiuscule en dessus, convexement déclive latéralement; fortement ou assez fortement ponctué; sans reliefs
apparents; noir, hérissé de poils obscurs. *Ecusson* petit,
triangulaire; noir. *Elytres* débordant chacune le prothorax
d'un tiers environ de la largeur de leur base ; à peine prolongées jusqu'à l'extrémité des hanches postérieures; arrondies à l'extrémité; une fois environ plus longues qu'elles sont
larges à la base; munies d'un rebord très-étroit; planiuscules;
chargées d'une gibbosité sensible sur leur tiers postérieur ;
offrant après l'écusson une fossette suturale, commune, ovalaire, prolongée presque jusqu'à la moitié de leur longueur ;
peu densement et assez finement ponctuées; d'un roux testacé,
avec le tiers postérieur d'un brun fauve ; hérissées de poils
obscurs. *Ailes* subhyalines ; plus longuement prolongées que
l'abdomen. *Dos* de celui-ci, noir. *Dessous du corps* noir ;
finement ponctué; garni de poils fins et cendrés. *Pieds*
allongés ; fauves ou d'un roux châtain; hérissés de longs
poils cendrés : massue des cuisses ovale, comprimée, quatre
fois environ aussi large, dans son diamètre transversal le plus
grand, que le pédicule : la massue des cuisses intermédiaires
plus longue que le pédicule. Premier article des tarses postérieurs moins long que les deux suivants réunis.

Cette espèce a été découverte par M. de Kiesenwetter,
à qui nous l'avons dédiée.

Obs. Elle a beaucoup d'analogie avec le *M. umbellatorum :*
elle s'en distingue, indépendamment des caractères tirés de
la couleur, par le deuxième article de ses antennes à peu près
égal à la moitié du suivant; par son prothorax rétréci presque
en ligne droite à partir des deux tiers, au lieu de l'être d'une
manière sinuée ; relevé en rebord à la base et creusé d'un
sillon transversal assez prononcé au devant de ce rebord, au

lieu d'être faiblement rebordé et plan au devant de ce rebord;
sans reliefs en dessus ; par ses élytres moins longues, moins
rétrécies d'avant en arrière ; en ogive à leur extrémité ; par
la massue des cuisses, même des postérieures , ovale plutôt
qu'oblongue, plus comprimée et surtout plus large dans son
diamètre transversal le plus grand ; par le premier article
des tarses moins long que les deux suivants réunis.

Stenoria Kraatzii.

*Noir, avec partie de la tête, le prothorax, la majeure partie des élytres,
les pieds, moins l'extrémité des tarses, flaves. Le prothorax rayé d'une
ligne ou d'un sillon vers l'extrémité de la ligne médiane : les élytres
noires à l'extrémité.*

Long. 0,0067 à 0,0072 (3 l. à 3 l. 4/2). Larg. 0,0023 à 0,0028 (1 l.)

Patrie : Les Pyrénées et diverses autres parties de la
France.

Nous avons dédié cet insecte à M. Kraatz, président de la
Société entomologique de Berlin.

Obs. Cette espèce est vraisemblablement le *Sitaris thora-
cica* de Dejean. Elle diffère principalement du type de la
Stenoria apicalis, décrit dans l'Histoire naturelle des coléoptères de France, par son prothorax entièrement flave, par
la majeure partie basilaire de ses mandibules et partie de
la tête, flaves; par son ventre brun ou noir sur une partie
basilaire plus étendue, ordinairement jusqu'à l'avant-dernier
arceau.

Son prothorax est seulement rayé d'une ligne ou creusé
d'un sillon à l'extrémité de la ligne médiane, au lieu d'avoir
une impression triangulaire ; mais cette impression se trouve
aussi réduite à une ligne, chez divers individus de la *St.
apicalis.*

Quant aux caractères tirés de la couleur, ils offrent peu de
constance. Ainsi, parfois la tête est noire ou brune, avec le

labre et une tache ponctiforme sur l'épistome, flaves ; d'autres fois elle est noire ou brune, avec la partie longitudinale médiane flave ou d'un flave brunâtre ; quelquefois même les tempes sont en parties flaves ou flavescentes. La partie noire varie d'étendue ; ordinairement elle est réduite au septième ou au sixième postérieur de la longueur des étuis, et coupée à peu près transversalement à son bord antérieur, comme chez la *S. apicalis* ; mais d'autres fois elle a aussi plus d'étendue. Chez un exemplaire qu'a eu la bonté de donner M. Kraatz à l'un de nous, elle couvre les deux cinquièmes postérieurs du bord externe et le tiers postérieur de la suture. Elle est ainsi coupée obliquement en devant, au lieu de l'être obliquement.

Le caractère qui semblerait le plus spécifique de la *St. Kraatzii*, consisterait dans le prothorax entièrement flave. Mais dans la *S. apicalis* la tache noire a des développements si variables, que sa disparition ne semble qu'une variation par défaut de la matière colorante. Telle a été l'opinion de l'un de nous, contrairement à celle de Dejean, lorsqu'on a fait (dans l'Hist. nat. des coléoptères de France) des individus à prothorax flave une simple variété (var. α) de la *S. apicalis*.

Nous en possédons des exemplaires dont le prothorax est entièrement noir, à l'exception d'une bordure latérale irrégulière et étroite, flave. Chez d'autres au contraire la tache noire est réduite à une ligne, et déjà, chez de tels exemplaires, la tête est brune au lieu d'être noire, et laisse pressentir que le front montrera des taches jaunes ou jaunâtres, dès que la matière colorante sera devenue moins abondante sur cette partie et aura disparu sur le prothorax.

Des observations nouvelles sont donc nécessaires pour confirmer la validité de cette espèce, qui nous semble jusqu'à présent très-douteuse.

DESCRIPTION
D'UN LONGICORNE NOUVEAU.

PAR

E. MULSANT et Cl. REY.

(Lue à la Société Linnéenne de Lyon.)

Exocentrus Claræ.

Corps variant du testacé au fauve brun ; garni de duvet. Elytres hérissées de longs poils noirs, disposés sur dix rangées longitudinales, et naissant chacun la plupart d'un point dénudé ou enfoncé; offrant sur leur moitié antérieure six lignes d'un duvet cendré, interrompues après chaque poil hérissé; puis une bande transversale et irrégulière de duvet cendré, suivie d'une bande transversale dénudée (comme formée de deux taches ovalaires) anguleusement saillante en devant vers les deux cinquièmes et un peu moins avancée vers les deux tiers de la largeur; postérieurement garnies d'un duvet cendré, offrant en devant la reproduction des deuxième, quatrième et sixième lignes cendrées, interrompues.

Long. 0007 à 0,0078 (3 l. à 3 4/2). Larg. 0,0022 à 0,0028 (4 l. à 4 1/4).

Corps suballongé ; médiocrement convexe ; variant du testacé au fauve brun, et garni de duvet, en dessus. *Tête* inclinée ; rayée, depuis le bord postérieur jusqu'à la partie antérieure du front, d'une ligne longitudinale, transformée en large sillon entre les antennes ; variant du testacé au fauve brun ; garnie d'un duvet cendré grisâtre ; hérissée de poils noirs ou obscurs, longs et clairsemés. *Epistome* et *labre* d'un cendré flavescent. *Antennes* d'un quart ou d'un tiers plus longues que le corps ; sétacées ; ciliées en dessous; de onze articles : le premier sensiblement fusiforme, aussi long que le quatrième, moins long que le troisième : le deuxième très-court; d'un testacé fauve ou d'un fauve brun, avec les premier et deuxième articles et la base des troisième et quatrième garnis d'un duvet cendré. *Prothorax* faiblement

13

arqué ou presque tronqué en devant; tronqué à la base;
élargi en ligne presque droite jusqu'aux trois cinquièmes
des côtés, armé dans ce point d'une petite épine dirigée en
arrière, rétréci ensuite jusqu'au bord postérieur, en ligne
courbée en dedans; faiblement et très-étroitement rebordé
en devant; plus évidemment rebordé à la base; d'un quart
plus large à celle-ci qu'il est long sur son milieu; variant du
testacé fauve au fauve brun ou au brun fauve; garni de poils
cendrés grisâtres, couchés, mais relevés d'une manière con-
vergente sur la ligne médiane, où ils forment une sorte
de carène; hérissé de poils noirs, clairsemés. *Ecusson*
triangulaire ou subcordiforme; garni d'un duvet cendré.
Elytres débordant la base du prothorax des deux cinquièmes de la largeur de chacune; d'un cinquième plus
larges que ce dernier, dans son diamètre transversal le plus
grand; quatre fois environ aussi longues que lui; presque
parallèles jusqu'à la moitié de leur longueur, puis un peu
élargies en ligne courbe, arrondies (prises ensemble) à l'extrémité; ordinairement non contiguës entre elles à leur partie
postérieure; médiocrement convexes; à fond variant du testacé ou du testacé fauve au fauve brun ou brunâtre; en
partie garnies d'un duvet concolore, fin, couché, peu serré;
hérissées de longs poils noirs disposés sur six rangées sur
chacune, naissant, au moins sur la moitié antérieure, d'un
point dénudé ou enfoncé très-apparent (six ou sept de ces
points, sur la rangée naissant de la fossette humérale, depuis
la base jusqu'à la moitié de leur longueur); ornées chacune,
sur leur moitié antérieure, de six lignes d'un duvet cendré,
interrompues après chaque poil hérissé : la première rangée
suturale : la sixième ou la subhumérale reposant sur une
sorte de ligne légèrement saillante; offrant un peu avant la
moitié de leur longueur une bande transversale formée d'un
duvet cendré, irrégulière, couvrant un sixième environ de

la longueur vers la suture, moins développée et sinueuse sur la moitié extérieure, un peu anguleuse en arrière, vers les quatre septièmes de la largeur de chacune : cette bande cendrée suivie d'une bande transversale de couleur foncière, dénudée ou à peu près, étendue jusqu'au rebord sutural qui reste cendré, couvrant dans sa partie la plus développée des quatre septièmes aux trois quarts ou un peu moins de leur longueur, comme formée de deux taches ovalaires unies, anguleusement saillante à son bord antérieur vers les deux cinquièmes internes de leur largeur, et un peu moins avancée vers les deux tiers de la largeur; couvertes ou garnies sur leur partie postérieure d'un duvet cendré, offrant en devant comme la réapparition des deuxième, quatrième et sixième lignes grises interrompues, qui s'avancent dans la bande dénudée. *Dessous du corps* d'un brun testacé ou d'un fauve brun couvert d'un duvet cendré, paraissant souvent d'un cendré grisâtre, couché, assez épais. *Pieds* garnis d'un duvet cendré ou testacé : cuisses ovalaires, arquées à leur bord antérieur, presque en ligne droite au postérieur, comprimées, testacées, avec la majeure partie de la massue brunâtre : tibias testacés : les antérieurs échancrés en dessous vers la moitié ou un peu plus de leur arête inférieure : les intermédiaires garnis de poils noirs et comme offrant une entaille longitudinalement oblique sur leur arête extérieure à partir de la moitié de celle-ci, ou comme échancrés vers les deux tiers de la dite arête. Premier article des tarses moins long que les deux suivants réunis.

Cette espèce se trouve dans les environs de Lyon, et dans divers autres lieux de la France.

Nous l'avons dédiée à Madame Clara de Kiesenwetter.

TABLE ALPHABÉTIQUE

DES ESPÈCES DÉCRITES.